U0347600

高新技术科普丛书（第2辑）

主编　胡建国

天街有网亦比邻

——新一代移动通信技术与移动互联网应用

廣東省出版集團
广东科技出版社
·广州·

图书在版编目（CIP）数据

天街有网亦比邻：新一代移动通信技术与移动互联网应用 / 胡建国主编．—广州：广东科技出版社，2013.10
（高新技术科普丛书．第2辑）
ISBN 978-7-5359-5832-7

Ⅰ．①天…　Ⅱ．①胡…　Ⅲ．①移动通信—通信技术—普及读物②移动通信—互联网络—普及读物　Ⅳ．①TN929.5-49

中国版本图书馆CIP数据核字（2013）第218170号

责任编辑：谢志远　许桦淳
美术总监：林少娟
版式设计：黄海波（阳光设计工作室）
责任校对：盘婉薇
责任印制：罗华之

天街有网亦比邻
——新一代移动通信技术与移动互联网应用

Tianjie Youwang Yibilin
——Xinyidai Yidong Tongxin Jishu Yu Yidong Hulianwang Yingyong

出版发行：广东科技出版社
（广州市环市东路水荫路11号　邮政编码：510075）
http://www.gdstp.com.cn
E-mail: gdkjyxb@gdstp.com.cn（营销中心）
E-mail: gdkjzbb@gdstp.com.cn（总编办）
经　销：广东新华发行集团股份有限公司
印　刷：广州市岭美彩印有限公司
（广州市荔湾区花地大道南海南工商贸易区A幢　邮政编码：510385）
规　格：889mm×1 194mm　1/32　印张5　字数120千
版　次：2013年10月第1版
2013年10月第1次印刷
定　价：23.80元

如发现因印装质量问题影响阅读，请与承印厂联系调换。

《高新技术科普丛书》（第2辑）编委会

顾　问：王　东　钟南山　张景中

主　任：马　曙　周兆炎

副主任：吴奇泽　冼炽彬

编　委：汤少明　刘板盛　王甲东　区益善　吴伯衡
朱延彬　陈继跃　李振坤　姚国成　许家强
区穗陶　翟　兵　潘敏强　汪华侨　张振弘
黄颖黔　陈典松　李向阳　陈发传　胡清泉
林晓燕　冯　广　胡建国　贾槟蔓　邓院昌
姜　胜　任　山　王永华　顾为望

本套丛书由广州市科技和信息化局、广州市科技进步基金会资助创作和出版

序一

精彩绝伦的广州亚运会开幕式，流光溢彩、美轮美奂的广州灯光夜景，令广州一夜成名，也充分展示了广州在高新技术发展中取得的成就。这种高新科技与艺术的完美结合，在受到世界各国传媒和亚运会来宾的热烈赞扬的同时，也使广州人民倍感自豪，并唤起了公众科技创新的意识和对科技创新的关注。

广州，这座南中国最具活力的现代化城市，诞生了中国第一家免费电子邮局；拥有全国城市中位列第一的网民数量；广州的装备制造、生物医药、电子信息等高新技术产业发展迅猛，将这些高新技术知识普及给公众，以提高公众的科学素养，具有现实和深远的意义，也是我们科学工作者责无旁贷的历史使命。为此，广州市科技和信息化局与广州市科技进步基金会资助推出《高新技术科普丛书》。这又是广州一件有重大意义的科普盛事，这将为人们提供打开科学大门、了解高新技术的“金钥匙”。

丛书内容包括生物医学、电子信息以及新能源、新材料等板块，有《量体裁药不是梦——从基因到个体化用药》《网事真不如烟——互联网的现在与未来》《上天入地觅“新能”——新能源和可再生能源》《探“显”之旅——近代平板显示技术》《七彩霓裳新光源——LED与现代生活》以及关于干细胞、生物导弹、分子诊断、基因药物、软件、物联网、数字家庭、新材料、电动汽车等多方面的图书。以后还要按照高新技术的新发展，继续编创出版新的高新技术科普图书。

我长期从事医学科研和临床医学工作，深深了解生物医学对于今后医学发展的划时代意义，深知医学是与人文科学联系最密切的一门学科。因此，在宣传高新科技知识的同时，要注意与人文思想相结合。传播科学知识，不能视为单纯的自然科学，必须融汇人文科学的知识。这些科普图书正是秉持这样的理念，把人文科学融汇于全书的字里行间，让读者爱不释手。

丛书采用了吸收新闻元素、流行元素并予以创新的写法，充分体现了海纳百川、兼收并蓄的岭南文化特色。并按照当今“读图时代”的理念，加插了大量故事化、生活化的生动活泼的插图，把复杂的科技原理变成浅显易懂的图解，使整套丛书集科学性、通俗性、趣味性、艺术性于一体，美不胜收。

我一向认为，科技知识深奥广博，又与千家万户息息相关。因此科普工作与科研工作一样重要，唯有用科研的精神和态度来对待科普创作，才有可能出精品。用准确生动、深入浅出的形式，把深奥的科技知识和精邃的科学方法向大众传播，使大众读得懂、喜欢读，并有所感悟，这是我本人多年来一直最想做的事情之一。

我欣喜地看到，广东省科普作家协会的专家们与来自广州地区研发单位的作者们一道，在这方面成功地开创了一条科普创作新路。我衷心祝愿广州市的科普工作和科普创作不断取得更大的成就！

中国工程院院士 钟南山

序二

让高新科学技术星火燎原

21世纪第二个十年伊始，广州就迎来喜事连连。广州亚运会成功举办，这是亚洲体育界的盛事；《高新技术科普丛书》面世，这是广州科普界的喜事。

改革开放30多年来，广州在经济、科技、文化等各方面都取得了惊人的飞跃发展，城市面貌也变得越来越美。手机、电脑、互联网、液晶电视大屏幕、风光互补路灯等高新技术产品遍布广州，让广大人民群众的生活变得越来越美好，学习和工作越来越方便；同时，也激发了人们，特别是青少年对科学的向往和对高新技术的好奇心。所有这些都使广州形成了关注科技进步的社会氛围。

然而，如果仅限于以上对高新技术产品的感性认识，那还是远远不够的。广州要在21世纪继续保持和发挥全国领先的作用，最重要的是要培养出在科学领域敢于突破、敢于独创的领军人才，以及在高新技术研究开发领域勇于创新的尖端人才。

那么，怎样才能培养出拔尖的优秀人才呢？我想，著名科学家爱因斯坦在他的“自传”里写的一段话就很有启发意义：“在12～16岁的时候，我熟悉了基础数学，包括微积分原理。这时，我幸运地接触到一些书，它们在逻辑严密性方面并不太严格，但是能够简单明了地突出基本思想。”他还明确地点出了其中的一本书：

“我还幸运地从一部卓越的通俗读物（伯恩斯坦的《自然科学通俗读本》）中知道了整个自然领域里的主要成果和方法，这部著作几乎完全局限于定性的叙述，这是一部我聚精会神地阅读了的著作。”——实际上，除了爱因斯坦以外，有许多著名科学家（以至社会科学家、文学家等），也都曾满怀感激地回忆过令他们的人生轨迹指向杰出和伟大的科普图书。

由此可见，广州市科技和信息化局与广州市科技进步基金会，联袂组织奋斗在科研与开发一线的科技人员创作本专业的科普图书，并邀请广东科普作家指导创作，这对广州今后的科技创新和人才培养，是一件具有深远战略意义的大事。

这套丛书的内容涵盖电子信息、新能源、新材料以及生物医学等领域，这些学科及其产业，都是近年来广州重点发展并取得较大成就的高新科技亮点。因此这套丛书不仅将普及科学知识，宣传广州高新技术研究和开发的成就，同时也将激励科技人员去抢占更高的科技制高点，为广州今后的科技、经济、社会全面发展作出更大贡献，并进一步推动广州的科技普及和科普创作事业发展，在全社会营造出有利于科技创新的良好氛围，促进优秀科技人才的茁壮成长，为广州在21世纪再创高科技辉煌打下坚实的基础！

中国科学院院士 张景中

前言

根据中国工业和信息化部发布数据，截至2013年1月底，中国电话用户数达到14.003 2亿，其中手机用户11.2亿，固定电话用户2.8亿，两者之和已经超过了中国内地的人口数。短短十年时间，移动通信技术发展迅猛，我们已经进入了新一代移动通信时代。新一代移动通信代表了信息技术的主要发展方向，在世界经济发展战略中处于核心地位，随着技术的演进发展和广泛应用，特别是全球产业结构优化升级的加速推进，我国新一代移动通信产业将迎来加快发展的重大机遇。

移动互联网是移动通信和互联网深度融合的新兴业态，是当今创新最活跃、成长最迅速的战略性新兴产业，正加速向经济、社会、文化等各领域扩散，引领信息通信技术和产业变革，成为全球竞争的焦点。丰富多彩的、高质量的应用服务促进了移动互联网产业发展的良性循环，3G时代推动了移动互联网用户规模的突破性增长，未来4G将实现移动带宽量级上的变化，引领宽带移动互联网产业发展的方向。网络融合的程度进一步加深，接入方式多元化、终端融合和业务整合将为用户提供全天候的信息服务。以用户为中心的新模式和新服务，将扮演促进移动互联网用户数量增长的重要角色。

本书第一部分讲述了移动通信的前世今生，描述移动通信的发展历程。第二部分结合现实生活中的应用和现象，分析了移动通信技术。第三部分探讨时下热门的移动互联网，给读者呈现各种精彩的移动互联网应用。第四部分介绍移动通信技术的传统应用和新兴应用。第五部分，展望未来，以笔者浅薄之见，介绍新一代移动通信技术和移动互联网的未来发展趋势。

本书是新一代移动通信技术与移动互联网科普书，旨在通过通俗易懂的语言介绍移动通信技术和移动互联网的基本知识、理论以及实际的应用情况，揭开移动通信的神秘面纱，给读者一个直观全面的认识。当你读过此书后，会惊奇地发现，我们不仅是新一代移动通信技术发展的见证者，而且是移动通信技术应用的参与者和受益者！

CONTENTS
目录

一　初探移动通信

二　走进移动通信世界

三 当移动缠上互联网

四 精彩纷呈的移动通信

五 远眺未来的移动通信世界

一　初探移动通信
信
信

根据中国工业和信息化部发布数据，截至 2013 年 1 月底，中国电话用户数达到 14.0032 亿，尤其是手机用户数量接近中国内地的人口数。从像砖头一样的大哥大手机，到现在五花八门的智能手机，移动通信技术发展迅猛。大家会问什么是移动通信呢？要了解移动通信，首先要了解无线通信。

“无线电之父”马可尼出身于一个十分富裕的商人家庭，在就读大学期间，就已经利用电磁波进行近距离无线通信实验。毕业后在家人的资助之下，马可尼成立了公司，专门研究电磁波。他认为赫兹能在几米的距离测出电磁波，如果加上够灵敏的检测仪器，就能够在更远的地方测出电磁波，接收信号。1901 年，马可尼的无线通信研究取得重大突破，第一次使无线电波跨越了 2100 英里（1 英里 =1.609 344 千米），越过大西洋从英国到加拿大的纽芬兰。这次穿越大西洋的无线电通信实验开辟了一个潜力巨大的新领域——无线通信，为 20 世纪科技发展史留下了浓重一笔。1909 年，马可尼因为在无线通信中的重要贡献，获得了诺贝尔物理学奖。

1 甩掉线路的尾巴——无线通信技术的诞生

从鸿雁传书到电子通信

人是社会性的动物，人类自诞生的那天起就离不开通信与交流。早在远古时期，人们已经用手势、声音、图画、烟火等各种方式交换信息、表达感情。

自从文字发明后，人们可以把要表达的内容以文字的形式写在木板、竹板以至之后发明的纸张上，再通过驿马等各种方式送到“收件人”手上。因此有了“鸿雁传书”“鱼传尺素”之说。“急

递铺八百里加急”“一骑红尘妃子笑，无人知是荔枝来”中所提到的古代邮政驿马系统在较长的时间内成为人们的主要通信方式。直到今天，信函还在我们生活中发挥着重要的作用，但无论是时间还是空间，都有严重的局限性。

1832 年 10 月 1 日，当时美国著名的画家塞缪尔·莫尔斯（Samuel Morse）登上了从法国驶向纽约的邮轮。这次不经意的旅行不仅改变了莫尔斯后半生的轨迹，更成为人类电子通信新时代的第一缕曙光！

在漫长的航行中，一位叫杰克逊的美国人滔滔不绝的向莫尔斯介绍了不少电磁学的知识，并做了电磁铁的实验：通电时电磁铁产生磁性，可以把铁片吸起来；断电后磁性消失，铁片又掉下去了。这样的实验现在小孩子都会做，但在当时就像魔术般神奇。

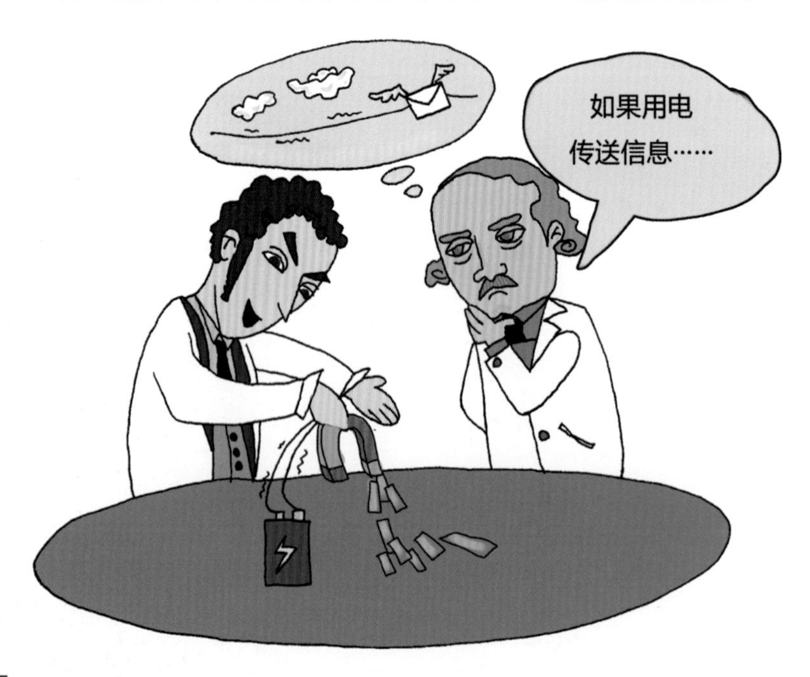

杰克逊还说：实验证明，不管电线有多长，电流都可以瞬间通过。杰克逊的话在莫尔斯的脑海里擦出了发明的火花：如果拉一根足够长的电线岂不是可以瞬间把信息传到很远的地方？！莫尔斯为自己的想法兴奋不已，从此以后，他毅然改行投身于电学研究领域，走上了科学发明的崎岖之道路。

回到纽约后，莫尔斯一边努力学习电磁学知识，一边在纽约大学物理教师盖尔的帮助下成功地组装了电池和电磁铁。1835 年底，他终于用旧材料制成第一台电报机。这台发报机的结构是这样的：先把凹凸不平的字母版排列起来，拼成文章，然后让字母版慢慢地触动开关，从而根据凹凸发出不同的信号；而收报机的结构则是：不连续的电流通过电磁铁，牵动与铅笔连接的摆尖，在移动的红带上画出波状的线条，经译码还原成电文。

然而这台电报机只能在 2~3 米的距离内有效，当收发两方的距离增大后收到的波状线条就会模糊不清，并没有实用价值。显然电报机存在着两个问题：一是信号不够强，因此无法远距离传输；二是传输信息的方式有问题，如果波状线条稍模糊或失真，就会导致译码失败。

后来莫尔斯拜著名电磁学家、感应电流的发现者亨利为师，对电报机的电路进行了一系列的改进，成功地解决了信号强度的问题。至于第二个问题，莫尔斯苦思冥想半年后终于在电火花现象的启示下找到了解决办法：用电流接通的长短表示“点（•）”“画（–）”两种符号，再用这两种符号的组合来表示不同的字符。这就是著名的莫尔斯电码（也叫摩尔斯电码）。由于用莫尔斯电码只需传送两种符号，使信号传输的可靠性得到了质的提高。1838 年，莫尔斯终于成功研制了实用的电报机。

莫尔斯电码

莫尔斯电码是美国人莫尔斯发明的一种信息编码，广泛应用于电报通信中。编码由“点（·）”“画（–）”两种符号组成（可分别读成“滴”“答”），再用这两种符号的组合来表示不同的字符。“画”一般是3个点的长度；“点画”之间的间隔是一个点的长度；字符之间的间隔是3个点的长度；单词之间的间隔是7个点的长度。

为了提高效率，莫尔斯电码中的每个字符的编码长度是其在英语中的发生频率近似成反比。因此，最常见的英文字母“E”是最短的代码，一个单一的点。S的编码是“···”，O的编码是“– – –”，因此著名的SOS求救信号就是：“· · · – – – · · ·”。

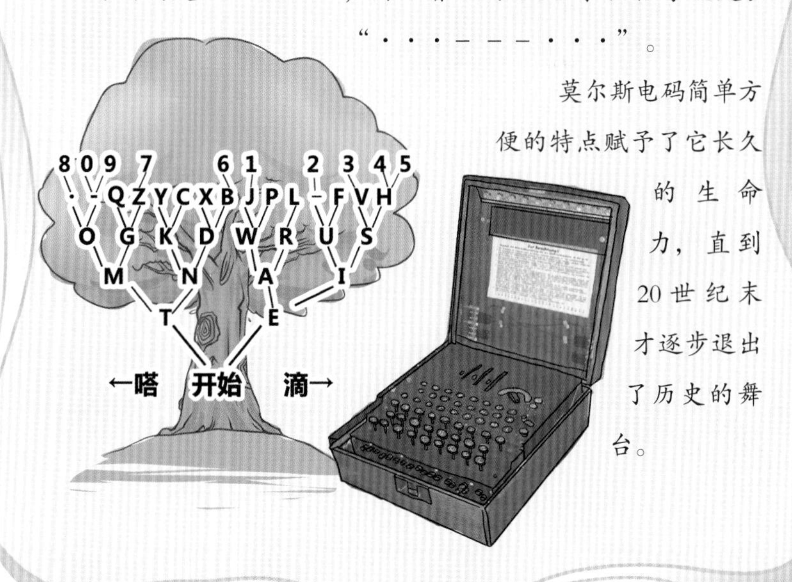

莫尔斯电码简单方便的特点赋予了它长久的生命力，直到20世纪末才逐步退出了历史的舞台。

1844 年 5 月 24 日，莫尔斯应邀来到美国国会大厦，向科学家和政府人士介绍了电报机，并向 40 英里外的巴尔的摩城发出了人类历史上的第一份电报：“What hath God wrought”（上帝创造了何等的奇迹）。莫尔斯的电报终于成功了！这一天也成了国际公认的电报发明日，人类从此迈进了电子通信时代。

电是怎样传送信息的？

要利用电传递信息，首先就要把信息变成电信号，然后在接收端再把电信号还原成信息。节假日里，朋友们在卡拉OK放声高歌，大家是否意识到，我们用电进行了信息传送？如果我们延长连接

电线就可以轻松地把歌声传到几十米远，这可比莫尔斯的第一台电报机强多了。

用电传送信息需要 3 类基本设备：第一类是把信息转换成电信号的发送设备；第二类是把电信号从发送端传到接收端的传输设备；第三类是把电信号还原成信息的接收设备。这三类设备卡拉 OK 里都配置齐全了：麦克风把你的歌声变成电信号，连接电线和扩音机完成了声音的传输，最后喇叭把电信号还原成歌声播放出来。

基带传输

我们把声音看做一种信号。我们知道声音是由物体振动产生的，频率越高声音越尖，频率越低声音越低沉。麦克风把声音变成电信号后并不改变声音原有的频率，原封不动地通过连接电线传送到扩音机，这种不搬移基带信号频谱的传输方式称为基带传输。未对载波调制的待传信号称为基带信号，它所占的频带称为基带。

除了卡拉 OK 外，我常见的闭路视频监控也是采用基带传输的方式：摄像头把图像变成电信号就直接通过同轴电缆传送到监控室，监控室内的监视器把电信号还原成图像显示出来。

基带传输一般的距离都不能太长。因为传输线路对不同频率的信号衰减是不同的，而基带信号中包含了各种不同的频率，如人的歌声的频率范围就从 80 赫兹到 1 200 赫兹，而视频信号更是覆盖了 50 赫兹到 30 兆赫的范围。如果传输距离短，这种衰减影响还不大，随着传输距离的增大，不同频率间信号强度的差异越来越明显。这表现在声音会越来越浑浊，图像越来越模糊，因为

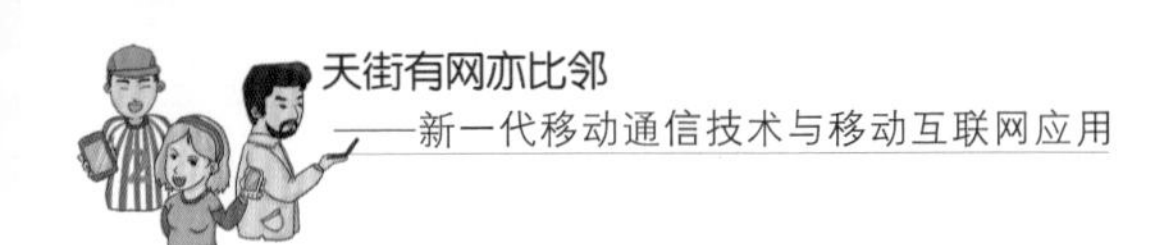

一般线路都是对高频部分损耗较大。

这种差异性衰减并不能通过放大信号去解决，就像只是把人头部缩小的哈哈镜，如果把整个图像放大，头部大小正常了，但身体又会太大。为了使信号能传输得更远，人们发明了信号调制技术。

信号调制

信号调制就是利用高频信号来传送原始电信号的一种技术。用来传输原始电信号的高频信号叫载波信号，因为它确实“承载”着原始信号进行传输，载波频率一般要远远高于原始信号，否则就容易与原始信号混淆，引起失真。

原始信号在称为“调制器”的电路里加载到载波中，就得到了用于传输的载波信号，这个加载过程就是调制。通常调制方式有调幅、调频和调相。

调幅就是使载波信号的幅度根据原始信号的幅度进行变化。上图所示，原来波幅固定的载波经过调制后，波幅就变成原始信号的形状了，这样载波信号就携带了原始信号的信息。由于载波信号频率固定，经衰减、放大后都不容易变形，因此能进行远距离的传输。

小档案

AM 电台与 FM 电台

我们听到的中频电台一般采用调幅调制，所以经常简称为 AM(amplitude modulation) 电台。而高频电台一般采用调频调制，所以经常简称为 FM(frequency modulation) 电台。

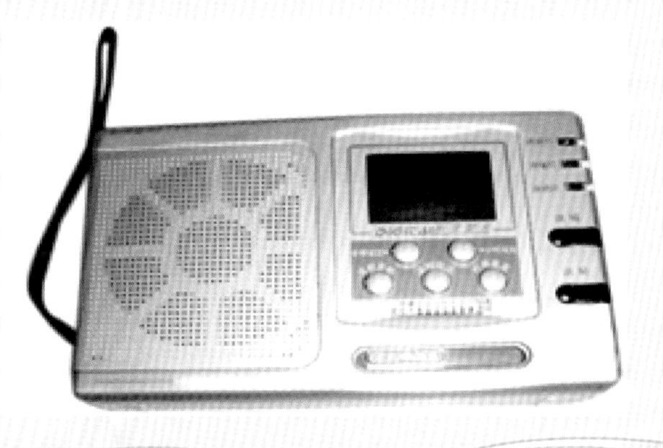

调频就是使载波信号的频率根据原始信号的幅度进行变化。大家觉得奇怪，这不是又产生了不同频率衰减不均匀的问题吗？的确，调频载波信号经衰减、放大后，不同频率信号的波幅会产生不均匀。但是在调频信号中，我们是用频率的差异来传输信息，因此，波幅的不均匀并不影响信息的准确还原。

调相就是使载波信号的相位根据原始信号的幅度进行变化。这一般用在数字信号传输方面，我们后面会有更详细的介绍。

载波信号到达目的地后，会通过称为“解调器”的电路，把原始信号从载波信号中分离出来，从而完成信息的传输。

通过调制，我们不仅能把信号传得更远，还可以提高通信线路的利用率。试想，我们把两个麦克风并联到一根连接电线上，然后两个人分别对这麦克风讲话，扩音机能否把他们的声音分别在不同的喇叭放出来呢？大家都知道这显然是不可能的，因为两个人的声音都已经在连接电线上混在一起了。也就是说，如果采用基带传输，一条通信线路只能传输一路声音。

如果这条通信线路很长，显然成本就会非常高。有没有办法提高线路的利用率呢？有，就是采用调制技术，例如把第一个人的声音调到 1 兆赫，第二个人调到 2 兆赫等。由于载波信号的频率间隔足够大，我们就能够在接收端把不同频率的信号分离开来，分别进行解调，这样就实现了一条线路多人同时通话。这种利用不同的频率在同一线路上同时传输多路信息的方式，就叫频分复用。

数字传输

相信大家还记得，莫尔斯在发明电报机的同时，还发明了莫尔斯电码。莫尔斯的电报机并不直接传输文字的样子，而是把文字变成“点”和“画”两种代码传输。在发报过程只有“滴”“答”及空白 3 种信号，这种幅度的取值是离散的，并且这些离散值限制在有限个数之内的信号，称为数字信号。利用数字信号进行信息传输，称为数字传输。莫尔斯不仅发明了电报，还在不经意间开创了数字通信的先河！

数字通信的最大特点是抗干扰能力强、无噪声积累。任何模拟信号，只要在传输过程中引入了干扰，就很难把干扰消除。而数字信号是离散的，只要把数字信号重生一遍，所有干扰信号都会被消除干净，因此能进行可靠的长距离接力传输。此外，数字信号还便于存储、处理和交换。

无线通信就是把电发送到空中吗?

在莫尔斯发明电报之后，人们又发明了电话，这些新发明的技术，使得远隔千里的人都能够像面对面一样聊天，通信速度和效率都有了飞跃性的提高。然而这些新技术有一个不足，这就是通信双方之间必须拉上电线。不仅线路架设会受到高山、海洋等客观条件的限制，而且这么长的线路维护也非常困难。另外，极其需要通信联络的海上船舶更是无法用有线方式与陆地联络，总不能让船只都拉着长长的电线出海吧？为了甩掉线路的尾巴，人们开始想方设法如何直接在空中传播电信号。

19 世纪中叶，苏格兰科学家麦克斯韦创立了电磁理论，并预言了电磁波的存在，1888 年，德国物理学家赫兹用实验验证了麦克斯韦的预言。电磁波的发现使人们看到了无线通信的希望。

小档案

什么是电磁波?

打开收音机的开关，转动选台用的旋钮，调到一个没有电台的地方，使收音机收不到电台的广播，然后开大音量。让电池的负极与一根铁棒良好接触，正极连接一根导线。拿着导线头，让它与铁棒接触，并在上面上滑动，这时收音机会发出“喀喀”的响声。为什么会发生这种现象呢？原来，当导线头在铁棒面上滑动时，由电池、导线、铁棒组成的电路中产生迅速变化的电流。于是有电磁波内外传播，被收音机接收后发出响声。这个电路就成了一个小小的“电台”。

类似的现象，在日常生活中也会发生。当打开或者关闭电灯时，当电冰箱的电路接通和断开时，你会从附近的收音机中听到“喀喀”的杂音。这杂音也是电路通断时发出的电磁波被收音机接收而产生的。

变化的电场和变化的磁场构成了一个不

振幅
波长
电场
磁场
传播方向

可分离的统一场，这就是电磁场，而变化的电磁场在空间的传播形成了电磁波，电磁的变动就如同微风轻拂水面产生水波一般，因此被称为电磁波，也常称为电波。与水波类似，电磁波也有自己的频率和波长，同样可以用波形图来描述。由方向来回迅速变化的电流（振荡电流）产生的电磁波，它的频率等于振荡电流的频率，即每秒内电流振荡的次数。电流振荡一次电磁波向前传播的距离表示电磁波的波长。

就像水波，小木棍每上下振动一次，水面上就出现一个波峰（凸起部分）和一个波谷（凹下部分）。小木棍振动几次，水面上就出现几个波峰和几个波谷。在 1 秒内出现的波峰数（或波谷数）叫做水波的频率。频率的单位叫赫兹（Hz），简称赫。常用的频率单位还有千赫（kHz）和兆赫 (MHz）。

首先发明实用无线电通信设备的是我们前面提到的“无线电之父”马可尼。1901年，马可尼的无线通信研究取得重大突破，第一次使无线电波跨越了2 100英里，越过大西洋，从英国到加拿大的纽芬兰。

这项发明的重要性在一次海难事故中得到充分体现。1909年，一艘汽船由于遭遇事故沉入海底，船员抢在沉入海底之前发送了一道无线电信息，救援人员第一时间赶到，救起了大部分失事船员。也就在这一年，马可尼因为在无线通信中的重要贡献，获得了诺贝尔物理学奖，在第二年，他将信号从爱尔兰发送到阿根廷，穿越了6 000英里。

延伸阅读

无线电波是怎样产生的？

无线电波诞生的地方是一块开放电路，它的下端是通过一根导线与地连接着的，我们把这根导线叫做地线，上端通常是一根较长的导线，这根导线就是天线。开放电路工作的时候，天线和地线就会形成一个敞开的电容器，当接通电源，内部的振荡电路就会产生电磁波，最后由天线发射出去就形成了无线电波。通过信息编码及调制技术，我们要传送的信息调制到无线电波上，我们就能通过无线电波传送信息了。

看了上面的描述，相信大家已经知道，无线通信并不是把电发到空中，而是向空中发射无线电波。当然，原始的电信号一般都比较弱，需要加强才能发射得很远，好比我们想快速到达一个地方，可能用步行的话要相当长的时间，但是乘飞机的话可能就是几个小时的事。在这里，原始的电信号就如同乘客，在电磁波发射的时候，需要事先将电信号加载到高频等幅的振荡电流上去，这里的高频等幅振荡电流就相当于飞机，我们把要传递的信号“加”到高频等幅振荡电流上，使电磁波随各种信号而改变，此过程称为调制。而调制过程中用到的装置叫做调制器，在这里相当于飞机场。

2 让我们动起来——无线通信与移动通信

信号加油站——基站

无线电台的出现虽然甩掉了线路的尾巴，使通信更灵活方便了，但早期的无线电台又重又大，只能安装在固定的地方或车、船等大型的交通工具上，离人们希望能随时随地进行交流的梦想还有相当远的距离。

随着近代电子技术特别是大规模集成电路的发展，人们终于制造出了可以拿在手上的电台——手机，实现了真正的移动通信。手机拨打电话时，会把语音转化成电信号，然后以电磁波的形式通过天线发射到空中，同时也通过天线接收远方传来的电磁波并把电磁波里携带的语音信息还原成声音，我们就能听到远方朋友的声音了。

可是，你知道吗？通话中的手机并不是自己把电磁波信号发给对方，也不会直接接收对方的信号，大家都只是和通信基站进行通信，基站就像个中间传话的人一样进行信号的转发。为什么要多此一举呢？我们还要从电磁波的特性说起。

我们知道电磁波像光线一样是直线传播的，如果在传播的途中遇到障碍就会严重衰减，甚至无法接收。如果是手机直接通信，通信双方的距离必然受

到严重的限制。通过高耸的基站进行转发就可以有效地增加信号的覆盖范围，所谓站得高看得远嘛。基站的覆盖范围在城市里面一般为 5 千米，在农村或者人烟较稀少的地区，覆盖范围可达 40 千米左右，覆盖范围的不同是因为环境因素的复杂程度和覆盖范围内通信用户的数量不同导致的，天线角度、高楼阻挡、海平面反射、信道分配都会影响到信号的覆盖范围。

此外，基站还起到分配信道提高频谱利用率的作用。在通信用户比较多的地方，就会适当的缩小基站覆盖范围，增设基站，保证信道分配足够。就好像在广州北京路附近，作为广州最为繁华的商业中心地带，人流量巨大，有时候就会出现通话失败或者无法呼叫的现象，这是因为同时通话的人数过多，信道分配紧张出现的问题，为了避免因为通信用户过多造成的通信拥堵，在这些中心地带都会增设基站，保证信号通畅。

通过基站，目前的手机信号已经能覆盖到全世界大部分地区，只要有基站，就有信号的存在，但是，在一些特定情景之中，基站损坏或者根本没有基站那又该怎么办呢？那就要说到卫星电话了。

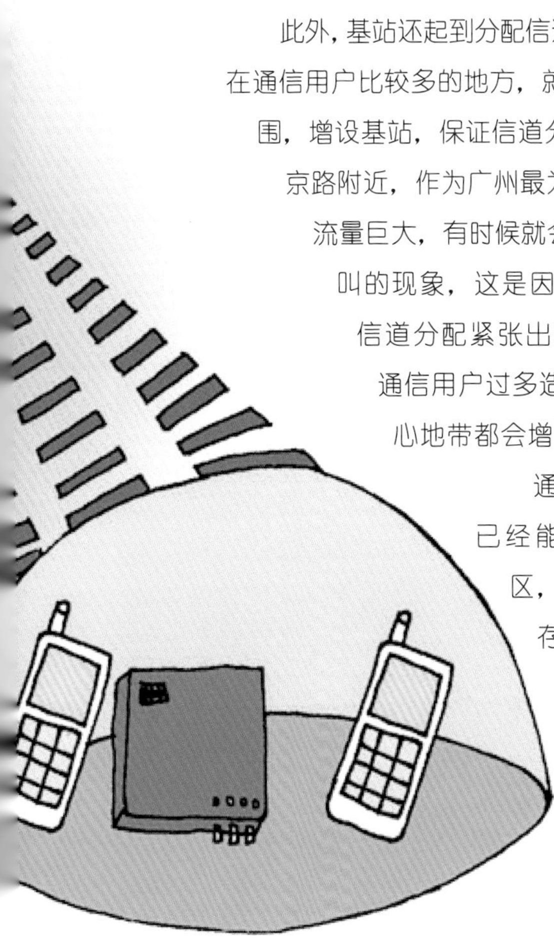

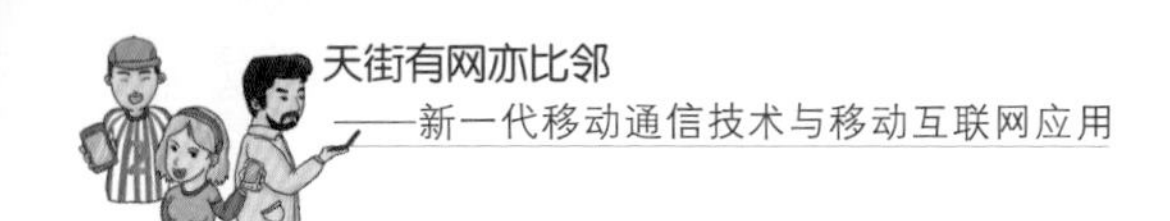

覆盖全球——卫星电话

汶川大地震时，震源附近的汶川、北川在最初 48 小时几乎与世隔绝，大部分基站都被损坏，除了两三部卫星电话外，所有手机都打不出去，乃至地震当天汶川县委、县政府领导通过卫星电话报告汶川县城受损较小时，几乎所有人都不敢相信，没有任何媒体敢报道。因为只有一部卫星电话，没有其他佐证。直到第二天少数冲锋突击的部门人员携带卫星电话进去后才报告确认。如果每个人都有一台卫星电话，不仅消息可以传出来，说不定被困的不少群众也能通过卫星电话准确呼叫救援。

卫星通信系统是由空间部分 ——通信卫星和地面部分 ——通信地面站两大部分构成的。在这一系统中，通信卫星实际上就是一个悬挂在太空中的通信中继站。它居高临下，视野开阔，只要

在它的覆盖照射区以内，不论距离远近都可以通信，通过它转发和反射电报、电视、广播和数据等无线信号。

卫星电话是移动电话的一种，但与普通的移动电话不同，卫星电话并不与地面上的基站连接，而是直接与卫星通信。根据系统构架的不同，不同系统的卫星电话其覆盖范围也从特定区域到全球范围不等。卫星电话在探险队中十分常见，因为普通的移动电话往往无法在偏远地区使用。然而通信成本高昂，卫星电话一般只在探险、海上、商业机密等特殊场景应用。不过，随着科学进步，更多先进的通信工具会陆续出现。

“手牵手的基站兄弟”——扩大的信号覆盖范围

虽然拥有能够解决通信范围的最大利器——卫星电话，但成本实在是太高，在目前的技术水平下，还没有大规模推广的可行性。那我们又要如何在现有的技术水平下，尽可能大的扩展我们的通信范围呢？

西沙群岛离海南岛约 300 海里，其中主岛永兴岛面积 2.13 千米^2。通信难一直是当地军民的心头之憾——自 1959 年开办第一家邮电所，直到 20 世纪 90 年代，西沙人每天盼望的还是信件；20 世纪 90 年代后期，岛上开始有 6 部卫星电话，但无论是数量还是通话质量，都无法满足当地居民的通信需求。为了解决当地军民的通信难题，中国移动海南公司先后开通了西沙永兴岛基站，琛航岛、珊瑚岛移动通信基站，得到广大军民的一致欢迎。此次开通中建岛、金银岛、东岛 3 个通信基站，也将西沙群岛海域的信号覆盖在内。

手机信号是以电磁波的形式通过基站在不同区域之间进行传

播的，但是电磁波传输的距离有限，并且随着距离的增加而逐渐衰弱。所以为了让信号能够覆盖的范围足够广，就需要设立很多个基站。基站与基站之间的距离在 0.5 千米到 50 千米不等。由于电磁波在大气传播的过程中信号强度会有所衰减，所以信号的传播距离也是有限的，距离基站很远的地区或在两个基站中间的区域，信号强度非常弱。但一般在市区内，基站距离在 500 米到 1 000 米，就不存在距离过远而导致无信号的状况。

在当前技术水平之下，解决信号覆盖范围的问题还是要从基站着手，根据各地的地势、人口密集程度、建筑分布来大规模部署基站，然后通过一些中继器、信号放大器之类的辅助装备，使信号覆盖范围最大化。例如，广州目前已建设了 2 100 多个基站覆盖全城，而基站的分布并非随意的，为了节约成本、最大限度地利用资源，基站的分布方式是经过了精密的计算的。

信号无国界——漫游与跨区切换

大多数人都觉得奇怪，拿着手机坐在高速行驶的汽车或者火车上，通话却能持续不断，我们从广东省移动到湖南省，从广州出发到了美国，跨过了半个地球，手机依旧有信号，究竟是什么技术，这么牛？

移动通信中用漫游来表示这个状态，指的是蜂窝移动电话用户在离开本地区或本国时，在网络制式兼容并且已签订双边漫游协议的国家或地区之间进行通信，仍可以继续使用它们的移动电

话，漫游主要分为省内漫游、国内漫游、国际漫游。

在移动通信里面表示这个过程的专有名词叫做“越区切换”。如果不能越区切换，那手机的应用将大大打折扣。我们在享受如此方便的通信手段时，总觉得是理所当然的。其实，这背后，移动技术研究人员付出了很多的汗水。

为了保证通信的连续性，当正在通话的手机从一个小区移动到邻接的另一个小区（或在同一小区为避免同频干扰），手机从一个无线频道上的通话切换到另一个无线频道上，以维持通话信道连续性，称为越区切换，或越区频道切换或自动链路转移。如何成功并快捷地完成小区切换，是无线通信系统中蜂窝小区系统设计的重要方面之一。

越区切换根据切换方式的不同，可以分为硬切换和软切换。你可不要认为这里的软和硬是捏起来的感觉哦！硬切换其实是当我们的手机在不同小区之间变换时，先中断与原基站的联系，然后“跳”到新的频率上，再与新基站取得联系，这样的切换过程中很有可能会发生通话中断的，你可要注意啊！而软切换在切换的过程保持与原来小区的基站联系，在与新的基站取得联系后才中断与原基站的联系，所以在这种操作下，你的通话是不会发生中断的。

软切换和硬切换具体到我们的手机和交换局之间都做了哪些事情呢？我们在移动的过程中，当手机检测到原来基站发给它的信号变弱了，同时又检测到一个旁边的基站的信号更强时，它就会暂时断开通话（当然这个时间是相当短的，我们一般无法察觉）。然后手机端发送切换的信号给原来的基站，并且连接新的强信号基站，与其建立获得信道。连接成功后，继续正常通话。从断开与连接成功大概需要0.2秒，这时通信会中断。

软切换是当通话中的手机在移动时，手机会不断检测周边信号，当发现有新基站并且信号达到一定强度时，就把它放进自己的通信候选信道中，并告诉新基站。新基站接收到手机发给它的信号后告诉手机，可以进行切换了。手机连接新的基站后告诉基站连接好了。当原来信号弱到一定强度时，就断开与原来基站的连接。切换到新的基站，告诉基站，完成切换，这期间通话不会发生中断。

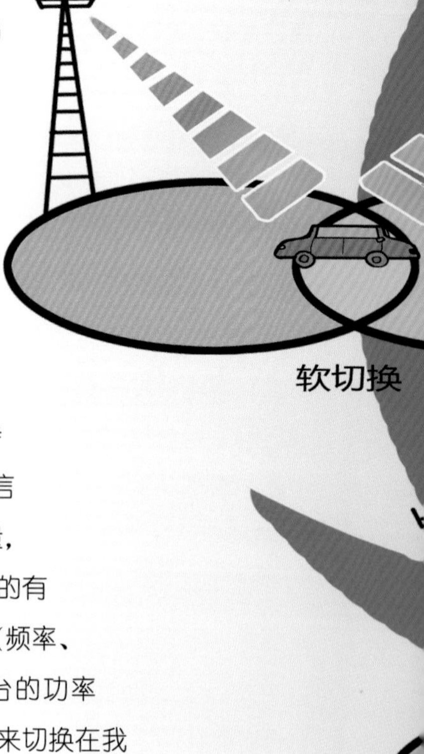

在蜂窝移动通信网中，切换是为了保证我们这些移动用户在移动状态下仍然可以不间断的通信；同时也是为了在移动台与网络之间保持一个可以接受的通信质量，防止通信中断，平衡服务区内各小区的业务量，降低用户小区的呼损率（呼叫出错）的有力措施。另外，也可以优化无线资源（频率、时隙、码）的使用，及时减少移动台的功率消耗和对全局的干扰电平的限制。原来切换在我们的通话中起了这么大的作用啊！

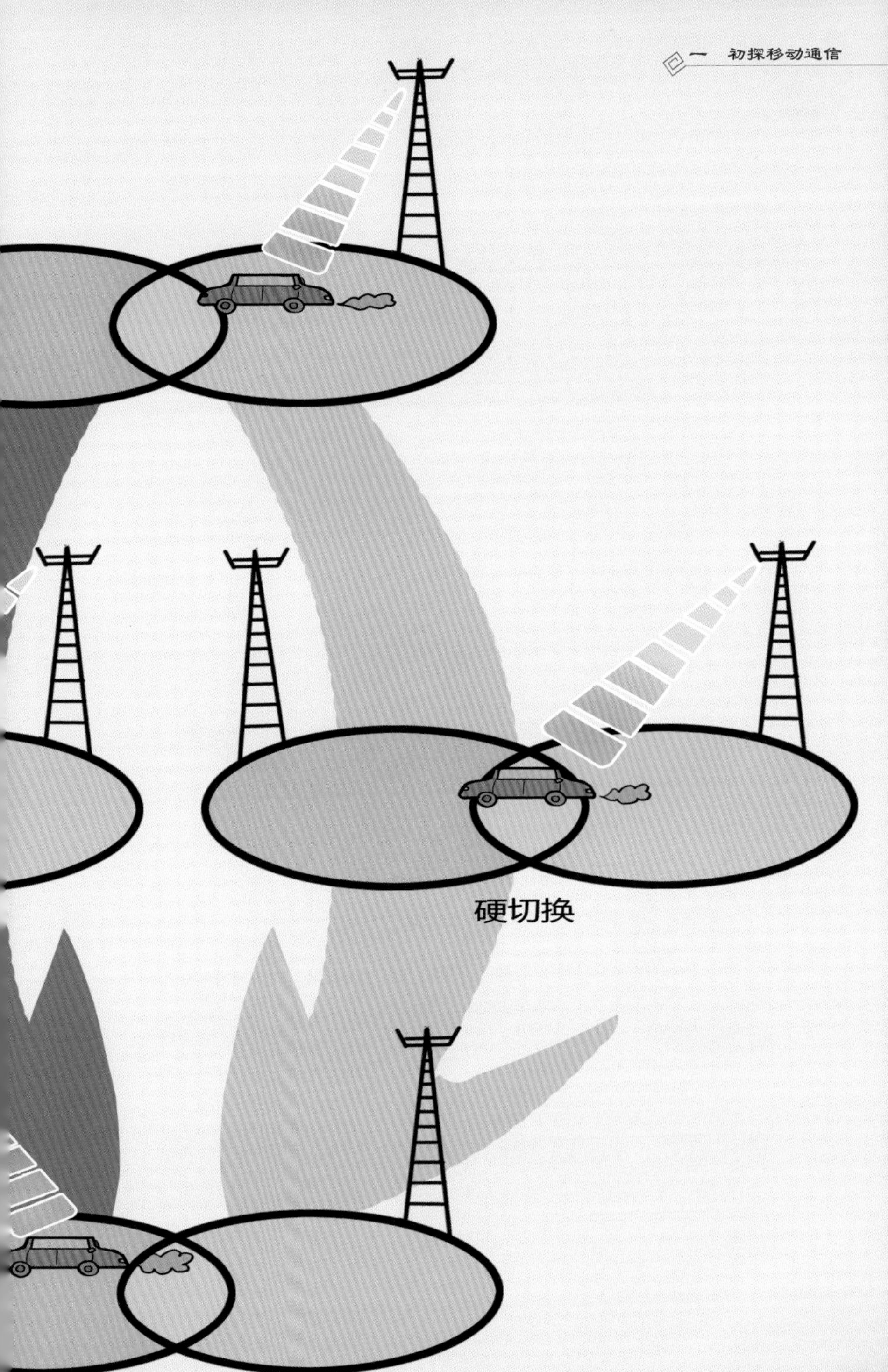

硬切换

初生婴儿，开启无线时代的第一代移动通信系统

中国第一个手机用户出现在广东省，当时手机的名字还被叫做“大哥大”。“大哥大”不仅体积大，价格也很“大”，手机费 2 万元，入网费 6 000 元，充满电之后仅仅能保持一个小时不到

的通话电量，还存在信号差、安全性低的缺点。但尽管是这样，“大哥大”作为那个时代的象征，迅速风靡全国。

以“大哥大”为代表的第一代无线通信技术，最大贡献就是去掉了电话连接到网络的电话线，让我们第一次能够在移动状态下无线接收和拨打电话。第一代移动通信技术使用的是模拟通信网络，那么我们首先要知道什么是模拟通信。比如在电话通信中，打电话的用户线上传送的电信号是随着用户声音大小的变化而变化。这种变化的电信号在时间上或是在幅度上都是连续的，这种信号称之为模拟信号。在用户线上传输模拟信号的通信方式称为模拟通信。模拟网的信号以模拟方式进行调制，其模拟技术采用的是频分多址技术。比如移动通信规定的频段为 905~915 兆赫，每 25 千赫为一个信道，支持一对用户通话，那理论上可以同时支持几千人的用户通话而不相互干扰。模拟网信号失真度小，因而音质可与有线电话媲美。模拟网的缺点是信道数量相对较少，保密性差。

初露锋芒，不再模拟的第二代移动通信系统

大家应该都知道徐峥吧，他主演的《泰囧》票房突破 13 亿元，成为华语电影之最，他在 2007 年上映的《爱情呼叫转移》中，通过一部手机的离奇故事，展示他遇到的各色人等，按一个键，就会有一段缘分出现。影片我们可以看到彩屏、短信、照片、视频等各种数字通信时代的元素。那么什么是数字通信呢？

“数字通信”是指用数字信号作为载体来传输信息，或者用数字信号对载波进行数字调制后再传输的通信方式。数字信号与模拟信号不同，它是一种离散的、脉冲有无的组合形式，是负载

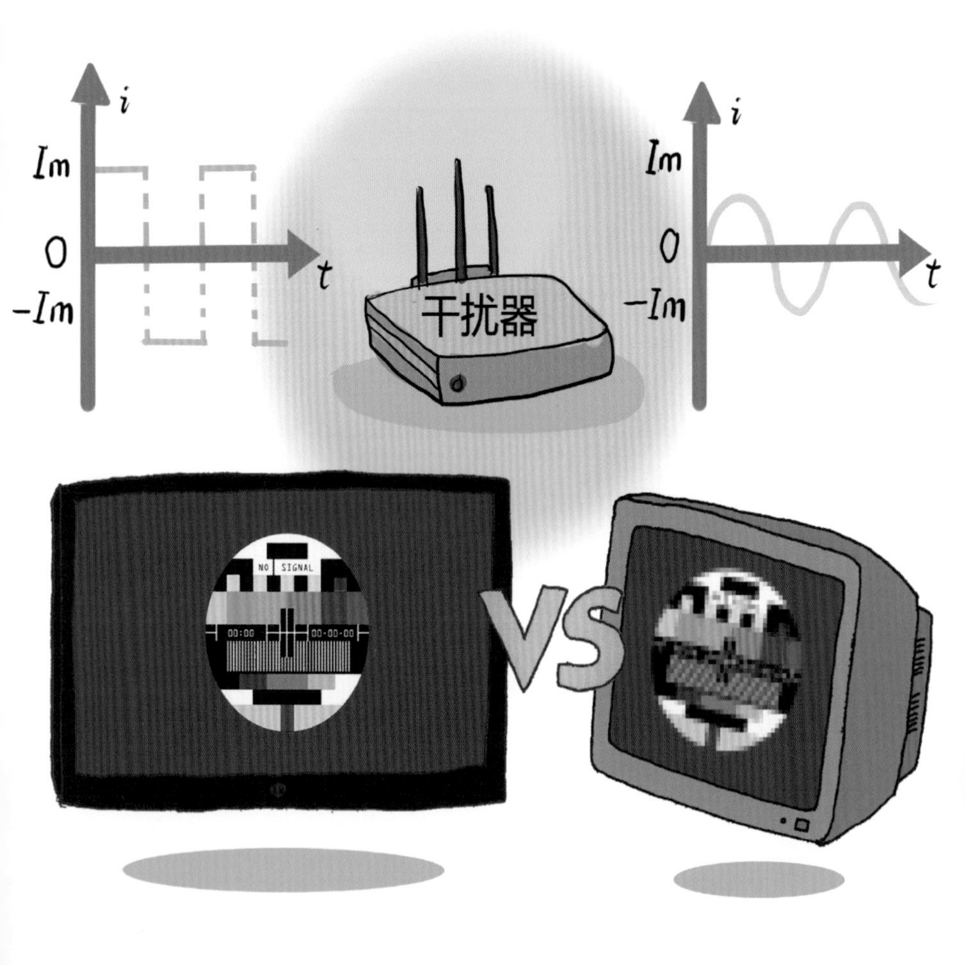

数字信息的信号。电报信号就属于数字信号。现在最常见的数字信号是幅度取值只有两种（用“0”和“1”代表）的波形，称为“二进制信号”。

数字通信与模拟通信相比具有明显的优点，首先是抗干扰能力强。模拟信号在传输过程中和叠加的噪声很难分离，噪声会随着信号被传输、放大，严重影响通信质量。数字通信中的信息是包含在脉冲的有无之中的，只要噪声绝对值不超过某一门限值，接收端便可准确地判别脉冲的有无，以保证通信的可靠性。其次是远距离传输仍能保证质量。因为数字通信是采用再生中继方式，能够消除噪声，再生的数字信号和原来的数字信号一样，可继续传输下去，这样通信质量便不受距离的影响，可高质量地进行远距离通信。

数字通信时代，人们使用的通信方式多为 GSM 制式或 CDMA 制式，并用 WAP 协议完成手机上网。

GSM，我们是既熟悉又陌生，熟悉的是我们日常经常听到这个词，但具体又说不上是什么。GSM 网即全球移动通信系统，又称“全球通”，很多公司参与了标准的制定工作，因全欧洲首先使用，又称欧制式。GSM 采用的是数字调制技术，其关键技术之一是时分多址（每个用户在某一时隙上选用载频且只能在特定时间内收信息），因此其话音清晰，保密容易，能提供的数据传输服务较多。

那么什么是 “CDMA” 呢，想必大家也听说过。CDMA，即码分多址技术，是高通在这个激动人心的无线通信产品和服务的新时代率先开发的、用于提供十分清晰的语音效果的数字技术。通过利用数字编码“扩谱”无线电频率技术，CDMA 能够提供比其他无线技术更好的、成本更低的语音效果、保密性、系统容量和灵活性，以及更加完善的服务等。

当前年轻人已经开始使用 WAP 协议连接网络，虽然数据传输在公交车车站、旅途中的长途汽车，拿着手机阅读新闻、小说已成为部分手机用户的生活习惯。一位手机用户说，就在一部窄窄的诺基亚手机中，利用平时上下班在车站等候的时间，他重温了金庸的几部最重要的小说。随着股票大热，更多的手机用户开始使用手机，即时浏览当天的股票行情和财经资讯。

速度偏慢，而且应用很少，但还是风靡一时。

WAP服务是一种手机直接上网，通过手机WAP“浏览器”浏览WAP站点的服务，可享受新闻浏览、股票查询、邮件收发、在线游戏、聊天等多种应用服务。

WAP无线应用协议，是一种向移动终端提供互联网内容和先进增值服务的全球统一的开放式协议标准，是简化了的无线互联网协议。WAP将互联网和移动电话技术结合起来，使随时随地访问丰富的互联网络资源成为

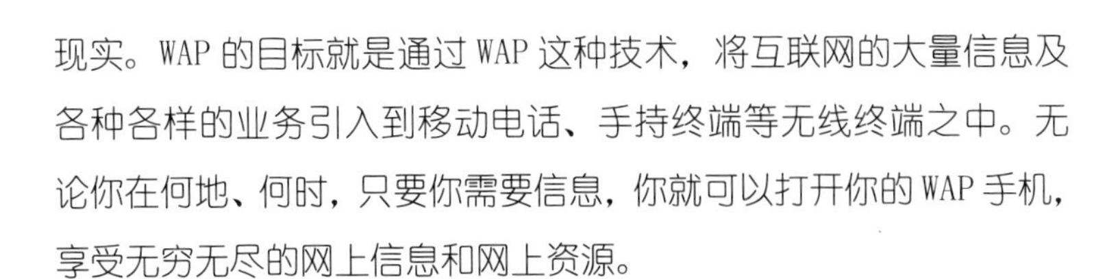

现实。WAP 的目标就是通过 WAP 这种技术，将互联网的大量信息及各种各样的业务引入到移动电话、手持终端等无线终端之中。无论你在何地、何时，只要你需要信息，你就可以打开你的 WAP 手机，享受无穷无尽的网上信息和网上资源。

天涯咫尺，改变生活的第三代移动通信系统

公司的张经理要约客户谈合作，他决定先用手机视频电话联

系一下对方，他认为这种面对面的手机视频通话，不亚于当面坐在一起谈。视频接通后，两人一阵寒暄，对方很客气地说："之前在电话里我觉得你很老练，以为你应该年纪不小了，没想到一见面，才发现原来你这么年轻，真是年轻有为。"很快，两人商议好基本合作方案，并约好了时间会面。挂断电话，张经理觉得轻松了很多，通过视频通话，与人沟通变得更加直接。

所谓3G，其实它的全称为3rd Generation，中文含义就是第三代移动通信系统。3G是将无线通信与国际互联网等多媒体通信相结合的新一代移动通信系统。3G标准主要有WCDMA、CDMA2000、TD-SCDMA。

3G通信是目前最流行、最热门的通信方式。2011年底，据世界电联统计，全球3G覆盖率已达到45%。到2012年12月底，我国移动通信用户已达到11亿多，其中3G用户超过2.34亿，3G用户渗透率已经超过了20%，并预计到2017年，将达到80%。

第三代移动通信系统大大增强了数据通信能力，使手机不再是简单的电话。3G手机的强大功能已经对我们的日常生活产生了巨大的影响。3G生活的一天：早上起床，用手机查一下天气，确定今天是晴天，穿戴好之后，用手机地图确定地点路线出发，通过全球眼功能查看交通路况，通过记事本浏览今天的日程安排，然后用手机报看热点新闻，通过手机邮箱收发邮件，顺便玩一下汤姆猫、乐器之家来放松一下，中午在休息的时间上手机淘宝网购物，用爱音乐搜一些舒缓的音乐来放松……

二　走进移动通信世界

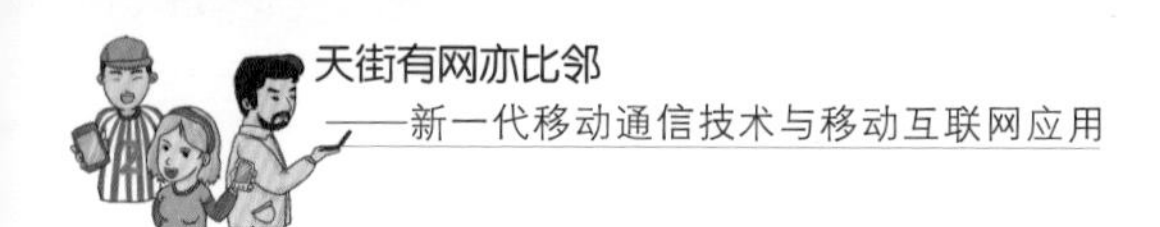

你知道吗？

移动通信让地球从世界变为村，

让时间和距离渐渐不再界限分明，

让世界变得更加温馨，

让关心和祝福充盈心灵，

让生活变得更加丰富多彩，

让欢声和笑语伴随我们走进 3G 时代。

生活中大家都碰到过用手机和别人通话的时候，手机突然断线了；在高楼大厦底下打电话会有杂音或是不清晰，当你下意识地往开阔一点的地方移动一下，手机又传来清晰的声音，这是怎么回事呢？其实，手机通信网络是个非常复杂的系统工程，想要知道为什么在不同的地方手机信号会强弱不同吗？为什么信号能从一个城市跟随我们到另一个城市？让我们走进移动通信的世界，从蜂窝技术开始了解其中的奥秘。

1 编织一张无形的网

看不见的围墙——蜂窝通信技术

很多人都见过马蜂窝，甚至还去捅过，挨过马蜂蛰。小时候看到马蜂窝总是会好奇，小小的一块，怎么能容纳那么多的马蜂？因为马蜂巢结构十分精巧，蜂房由无数个大小相同的六边形组成，两个房孔之间只隔了一层蜡质的墙，这样就能在最小的空间里住进最多的马蜂。

在手机刚刚出现的时候，使用的人相对来说很少，一个省或者地区只需建几个基站，它所提供的频带数就可以满足所有用户的通话需要。可是随着手机的普及，移动通信用户的飞速增加，这些少量的基站所提供的有限频带便越来越不能满足用户的需要。况且手机的电池容量小，发送信号的功率不会太大，也需要基站来对信号进行放大再传送。如果在一个区域内只建立少量的基站，其功率是有限的，不能覆盖大区域内的所有用户。区域地理环境的不同也会导致不同区域基站覆盖各种各样的问题。与此同时，一个基站所提供的频带数是有限的，频率范围也是固定的，如果基站之间建得太近，相隔一定距离的两个用户在使用同样频率进行各自通话时，就会产生通话的相互干扰。这就迫切的需要一种新的技术来解决由于用户数增加而引发的各种问题。

当然为了提供更多信道，在一个区域内可以建很多的基站，基站越分散，通话的信道数目就越多。但基站建立成本大，加上上述提到的同频用户相互干扰的问题，就需要在满足通话需要的前提下，基站的个数越少越好。由于基站提供的频带数是有限的，在有限的距离内实现频率复用，就需要将基站分散开来，让小区内用户之间频率复用又不会因为距离太近而引起相互之间的干扰。为了实现小区间无干扰的频率复用，需要合理的划分小区建立基站。那怎样来划分小区才合理呢？这就跟我们前面所提及的蜂窝有关了，也就是移动通信的里程碑技术——蜂窝技术。这种技术把一个地理区域分成若干个小区，在移动通信中，一个小区是一个称作“蜂窝”的正六边形（正六边形被认为是使用最少结点可

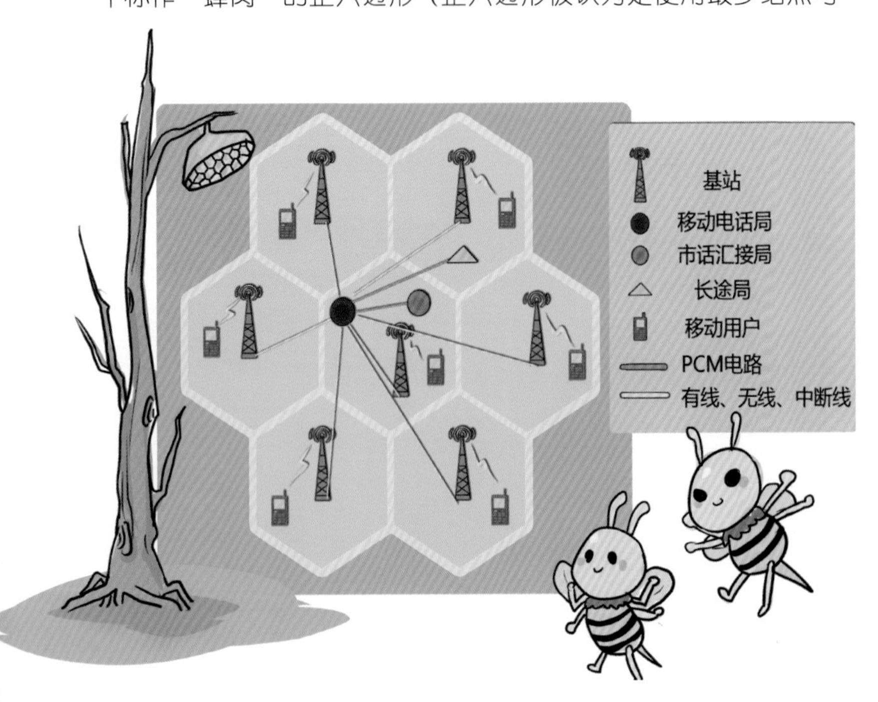

以覆盖最大面积的图形，因此正六边形是最好的选择），把区域都划分成一个个的蜂窝，当一个小区被划分成一个个的正六边形连接在一起时，就变成了蜂窝的样子，蜂窝技术名字也是从这里来的。

现实中，我们的生活区域之间是相互联系的，把我们生活的区域按小区的样式划分，并连接在一起就构成了整个通信网络，我们就形象地称这样的通信网络为蜂窝网络。蜂窝网络主要由移动站、基站子系统、网络子系统构成的。移动站就是我们的网络终端设备，也就是手机。基站子系统包括我们日常见到的移动基站（大铁塔）、无线收发设备、专用网络（一般是光纤）、无数的数字设备等等。我们可以把基站子系统看作是无线网络与有线网络之间的转换器。

空中的“公路”和“车道”——多址技术

走过高速的你是不是看到过这样的情形呢？一条路上会划出慢车道、快车道、小车车道、紧急停车道等来实现更好的交通状况。多址通信技术就类似于这种情况，不过它可是在信息传输的“公路”上来开辟的，把处于不同地点的多个用户接入到“公路”（信息传输的媒介）中，多址技术中的“址”就是为了实现这些不同用户之间的通信而建立的通路，多址也就是多路的意思，就是把一条通信的道路划分为很多个“车道”来实现在有限的资源情况下传输更多用户的信息。这种技术多用于移动通信中。有时候人们也称它为多址连接技术。

划分信息“公路”的标准不同，技术的种类也不同，看到上面的题目，聪明的你是不是已经知道了多址技术的种类呢？

“频”“时”“码”“空”就是多址技术的 4 种按不同标准划分的类型，即频分多址（FDMA）、时分多址（TDMA）、码分多址（CDMA）、空分多址（SDMA）。频分多址是按信道的不同频率来实现通信。时分多址是按不同时隙把信道分给不同的用户实现通信。码分多址是以不同的编码序列来实现通信的。空分多址是以不同方位信息实现多址通信的。

频分多址

早期的移动通信多采用频分多址，频分多址可以利用很多不同的技术来实现在一条信息“公路”上跑多个用户的信息。它把信道频带（规定间隔内的频率范围）分割为若干更窄的互不相交的频带（称为子频带），即把信道的频率范围划分得更窄，把每个子频带分给一个用户专用（称为地址）。频分复用（FDM）是指带宽（路宽）被划分为多种不同频带的子信道，每个子信道可以并行传送一路信号的一种技术。在这种技术下，多个用户可以共享一个通信信道，这个过程就是频分多址复用。FDMA 是效率最低的网络，这主要体现在模拟子信道每次只能供一个用户使用，如果该用户不发送信息且它的信道也不允许其他用户使用，这种技术使得带宽得不到充分利用。此外，由于 FDMA 信道传输的是模拟信号（波形信号），对噪声较为敏感，额外噪声不能被过滤出去，所以造成模拟通信系统的通话质量很差，杂音噪声很多。

第一代移动通信系统就是使用频分多址技术的，当时的通信系统就是模拟通信系统，那个时候手机只用作语音通信，模拟的通信系统通话质量也不够清晰稳定，常常需要大声喊才可以让对方听到。

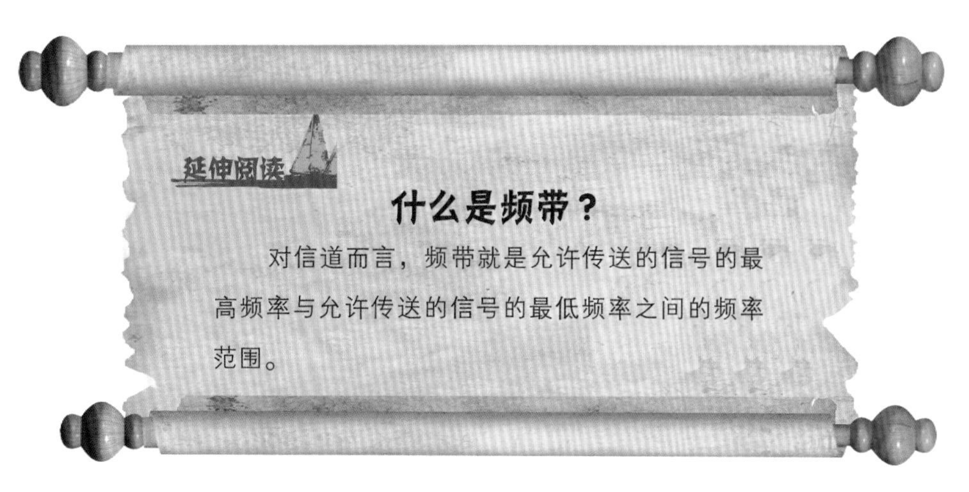

时分多址

时分多址是把时间作为传输信息的“公路”，然后把其分割成若干个不重叠的时隙（时间段），这些时间段分别分配给不同的用户，这些用户在向基站发送信号，满足信号定时和同步（接收端和发射端具有同样的载波信号）的条件下，基站就可以分别在各个时隙中接收到不同移动终端的信号，不同移动端的信号也不会发生混扰。同时，基站发向多个移动终端的信号也都按顺序安排在给定的时隙中传给移动终端，这些终端只要在指定的时隙内接收，就能在合路（合并的信号“公路”）的信号中把发给它的信号区分并接收下来。

时分多址技术是一种数字传输技术，该技术只能用于数字通信系统，多用于第二代移动通信系统、卫星通信、光纤通信的多址技术中。模拟话音必须先进行模数变换（数字语音编码）及成帧（一段连续的 0、1 信号）处理，然后才能发射出去，可是语音信息被这样“切割”之后，为什么我们听到的还是连续的呢？其

实是因为在时分多址技术中，用户接收端的基站会在不同的时隙内接收属于自己的信息，并把接收到的信息进行合并，再经过数模转换就可以变回原来连续的语音信号了。时分多址具有通信质量高、保密性好、系统容量大等优点。但它必须有精确的定时和同步的信号以保证移动终端和基站间正常通信，技术上比较复杂。

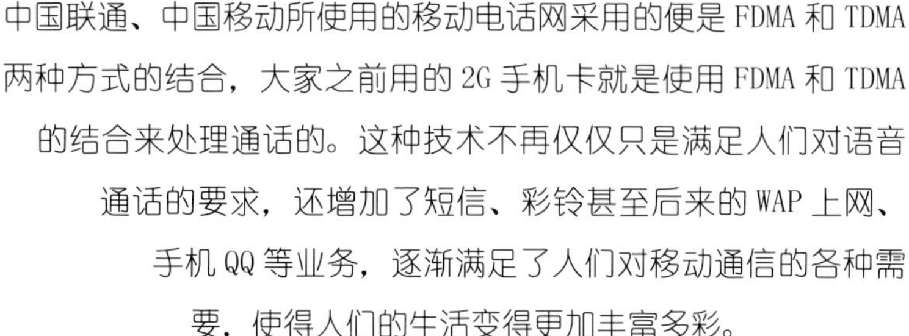

中国联通、中国移动所使用的移动电话网采用的便是FDMA和TDMA两种方式的结合，大家之前用的2G手机卡就是使用FDMA和TDMA的结合来处理通话的。这种技术不再仅仅只是满足人们对语音通话的要求，还增加了短信、彩铃甚至后来的WAP上网、手机QQ等业务，逐渐满足了人们对移动通信的各种需要，使得人们的生活变得更加丰富多彩。

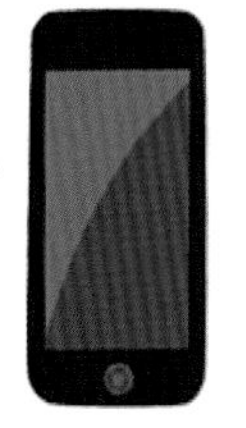

码分多址

码分多址技术是近年来在数字移动通信进程中出现的一种先进的无线扩频（把原来的窄频率带通过某种技术变成相对较宽的频带）通信技术，它能够满足人们对通信容量和品质的高要求，具有频谱利用率高、话音质量好、保密性强、断线率低、电磁辐射小、容量大、覆盖广等特点，可以大量减少投资和降低运营成本。

CDMA技术的原理是基于扩频技术，使一个频率可以传送很多信道。这就好比一个频率是一个屋子，本来在屋子里说话，同一个屋子里的人都会听到，但采用了CMDA技术，就好比大家分别用不同的语言来对话，两个人用中文，两个人用日语，两个人用俄语，两个人用英语，等等。对话双方都只能识别某一种语言，而只有你和与你对话的人听得懂中文，其他的人无法听懂中文而不会受到干扰，你们也听不懂他们使用的语言，所以你们不会受到干扰。这个语言就是“码”，由于编码的不同，通过“码”来区分不同的信道，中文是一个信道，日语是一个信道，俄语是一个信道，英语是一个信道，只有你和与你对话的人占用该信道，此时你们使用的是该信道的“码”。CMDA 技术便是如此实现的，发送端用一种随机码进行扩频调制，接收端就用同样的码进行解码。发送端与接收端可以使用各种不同的、不会相互干扰的码（相互听不懂对方语言的语言）来进行传输，使得一个频率可以拥有很多信道。

空分多址

空分多址也可以称为多光束频率复用。看到这个名字的你是不是很不理解呢，会第一反应认为是把空间划分成不同路径呢？没事，接下来我们就一起好好的了解一下它吧。你应该知道天线有很多方位吧，就是有天线可以对空间中不同的方向接收和发射信号，这样就可以对空间进行划分，这种技术通过标记不同方位的相同频率的天线光束来进行复用的。由于空分多址是根据天线的不同空间路径来对信息“公路”进行划分的，因此它主要以天

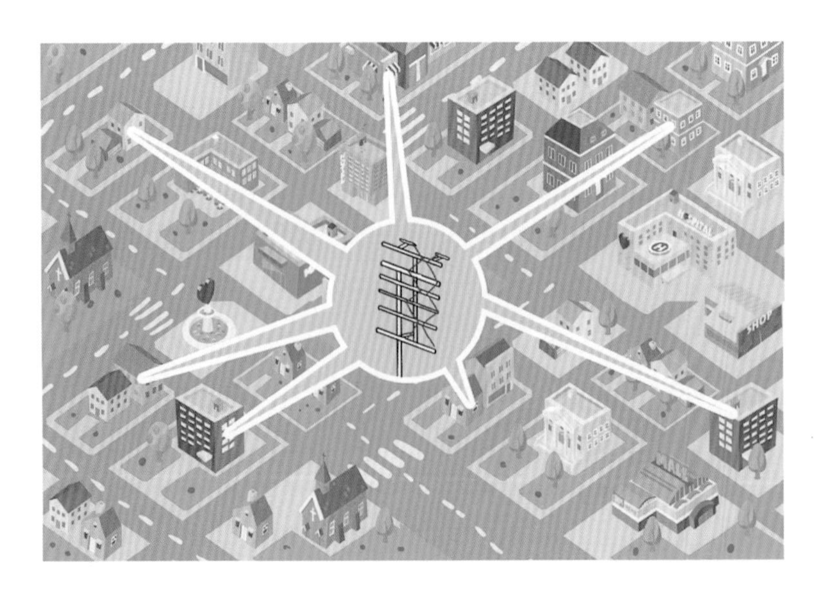

线技术为基础。在理想的情况条件下，它要求天线给每一个用户分配不同的电波束，然后根据用户的空间位置来区分每个用户的无线信号。空分多址是第四代移动通信使用的技术方式，即所说的 4G 网络，也就是目前中国移动正在推出的 LTE。

那么这种技术相对于之前的多址技术优点有哪些呢？由上面的对空分多址技术的介绍可知，该技术是通过对信号传输的空间进行划分，并获得更多的地址供用户使用，在相同时间间隙，在相同频率段内，在相同地址码情况下，根据信号在空间内传播路径的不同来区分不同的用户，因此在固定有限的频率资源范围内，可以更高效地传递信号。另外，由于接受信号是从不同的路径来的，故可以大大降低信号间的相互干扰，从而实现了信号的高质量、高清晰。该种方式相对于之前的 3 种多址技术来说，在保证了高速传输的同时，也保证了信号的可靠性，低噪声性，是通信技术又一个飞跃式的前进，在该技术的支持下，手机视频通话、手机看电影都不再是一个梦。

移动通信的“指挥官”——信令

《边城》中爷爷对翠翠说：“车是车路，马是马路，各有规矩。想爸爸做主，请媒人正正经经来说是车路；要自己做主，站到对溪高崖竹林里为你唱 3 年 6 个月的歌是马路。”

生活中，也是各有规矩，任何事物的传输都需要一个通道，就像汽车在公路上行驶一样，信息在传输的过程中也需要这样的一个“路”，只不过这个路我们看不到而已。这样的一条条看不到传输信息的“路”就是信道。信道是信息传输的通道，即信息进行传输时所经过的一条通路。在实际的通话过程中，由于传输

的信号和数据量较大，一般一对通话至少要占用一个信道。在发起通话之前，要先申请信道，要告诉系统你要传输信息，需要一

个信道来与对方建立连接，信道批下来之后，才可以让你的信息在信道上传输。为了更好地利用通信线路可以在一条信道中传输多路信号，也可以把一条传输介质——物理信道划分为多路信道，这就是多路复用的技术。与信号分类相对应，信道可以分为用来传输数字信号的数字信道和用来传输模拟数据的模拟信道。所有的信号最初都是模拟信号，通过介质来传播。但是传输距离是个很大的问题，就像是水面的波纹一样，一圈一圈地往外面荡，越来越弱。于是我们将模拟信号经过模-数转换成数字信号，让它可以在数字信道上传输得更远，并且通过基站的中转和接力，保证信号的传输范围。

小红和小明是很要好的朋友，在不同的城市里上大学，在移动通信还没有普及的时候，

在不同城市的她们只能靠写信这种古老的方式取得联系，把对彼此的思念装在信封里，通过邮递员把这些饱含思念的重要信息传到了对方的手中。但是，寄信的周期很长，有时候邮递员在分拣过程中出错，或者地址写错等种种原因造成寄出的信收不到，容易产生遗憾。但手机普及之后，他们只需要拨打对方的电话号码，随时随地，把自己所见、所闻、所感都告诉对方，分享彼此的喜怒哀乐，只要不是去荒无人烟的地方，都能够准确无误地联系上对方。

那么，我们拨打电话时信号是怎么找到对方，并且不会错误的传给对方呢？这就需要通信设备之间在传递实际应用信息的同时，也传递一些类似于信封和地址的控制信息。这些控制信息按照既定的通信协议工作，将应用信息安全、可靠、高效地传送到目的地。这些信息在计算机网络中叫做协议控制信息，而在电信网中叫做信令(signal)。

通俗点说，就是在网络中传输着各种信号，其中一部分是我们需要的（例如打电话的语音、上网的数据包等等），而另一部分是我们不需要的（只能说不是直接需要），它用来专门控制通信电路的，这一类型的信号我们就称之为信令。

最传统的信令是中国“一号信令”，过去电话用得多；现在基本用得最多的是“七号信令”，“七号信令”在电话和网络传输都会用得到。比如生活中常见的来电显示，就是需要通过“七号信令”来传送的，其要求主叫用户端的交换机将其主叫号码等信息通过“七号信令”等局间信令来传送给被叫端的交换机，期间还要传送一个表示主叫方是否允许号码显示意愿的信号。如“X”表示主叫号码可以传送给被叫用户，如果主叫号码愿意让其号码传送给被叫用户时，电话号码就可以在被拨叫的用户端上显示出来了。

“乌云遮盖”——影响手机信号的因素

生活在山里的老李的孩子都在外地工作，为了方便联系，老李最近买了一部手机，学了好久总算学会如何使用的他又遇到问题了，每次和孩子们打电话都断断续续的，说着说着就断了，有时候还要站在房顶上才能听到孩子的声音。每次孩子们来电话，老李就先爬到房顶或者山顶，要不就找个相对空旷的地方才可以跟孩子好好说上几句。这样的情况不止老李一个人遇到，很多生活在山里的人们都遇到过。

手机离基站远、处于信号阴影区、在电波较弱或基站重叠的地区、经常处于频繁进出网络覆盖区域的边缘地带，这些因素经常使手机信号不好。同样，大风、阴雨等天气因素也会影响手机信号质量。在电梯、火车、地下通道等比较封闭的地方，手机信号要穿过的障碍物增多，也会影响手机信号强度。

但是造成这一现象的罪魁祸首，就是通信上所说的阴影效应(shadow effect)。在无线通信系统中，移动台在运动的情况下，由于大型建筑物和其他物体对电波传输路径的阻挡而在传播接收区域上形成半盲区，在这个半盲区内，会引起通信中的接收信息断断续续，或者通话中断，也就是所说的没有信号。这种随移动台位置的不断变化而引起的接收点场强中值的起伏变化叫做阴影效应。阴影效应是产生慢衰落的主要原因。现在，阴影效应依然存在，比较有效的解决方法是用支撑杆将天线架高，或者把天线安放在建筑物边缘，减少建筑物的阻挡。所以，我们看到很多信号发射塔都是安装在空旷的地方。

考场中的手机信号屏蔽器

手机信号屏蔽器在工作过程中以一定的速度从前向信道的低端频率向高端扫描。该扫描速度可以在手机接收报文信号中形成乱码干扰，手机不能检测出从基站发出的正常数据，从而使手机不能与基站建立连接。手机表现为搜索网络、无信号、无服务系统等现象。说得通俗一点，手机信号屏蔽器就是发射和手机接收端频率一样的高频信号，以达到干扰基站和手机之间连接的目的。

2 三足鼎立

目前，国内的 2G 标准包括中国移动和中国联通的 GSM 网络，还有中国电信的 CDMA 网络。我们以前经常听说的，某个手机可以用移动的卡和联通的卡，但就是不能用电信的卡，原因就在于 GSM 与 CDMA 两种标准完全不兼容，电信手机是不支持 GSM 网络的。市面上有一种手机，叫双模手机。所谓的“GSM/CDMA 双模手机”，就是指手机可以同时支持 GSM 以及 CDMA 这两个网络通信技术，它

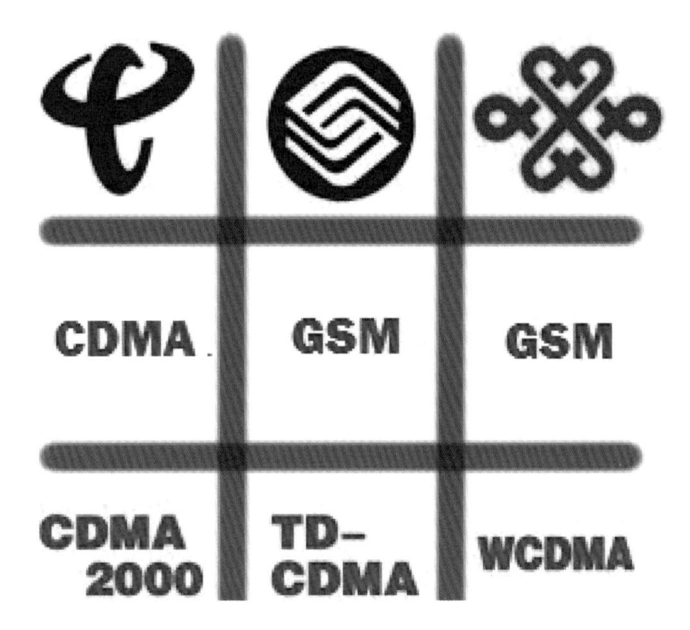

可以根据环境或者是实际操作的需要来从中作出选择。用这种手机，你就可以同时支持电信、联通与移动的卡了。

发展到3G通信时代时，国内使用的3G通信的标准呈现出三足鼎立的状态。这3个“足”主要是联通的WCDMA、电信的CDMA2000及移动使用的TD-SCDMA。这3个标准在国内3G时代的通信领域中各显神通，各占优势。

联通的3G网络——WCDMA

WCDMA是从欧洲和日本的几种技术融合发展而来的，是在2G通信时代CDMA技术上的延伸，其主要也是采用扩频技术，只是使用了直接扩频方式，就是直接采用高码率的扩频码序列在发送端扩展信号的频谱。在接收端用相同的扩频码序列来进行解扩，把经过扩频的信号还原为原信号。因此，WCDMA具有码分多址技术的安全性高、保密性强等优点，而使用直接扩频的方式又提高了传输的速率。除此之外，在传输通道中，WCDMA 还可以提供电路交换和分组交换（有些地方也称为分包交换）的服务，用户可以利用电路交换的方式接听电话，同时以分组交换的方式访问互联网，这样的技术可以提高移动电话的使用效率，使得人们在同一时间既可以享受语音传输的服务（比如打电话）又可以享受数据传输（比如上网）的服务。WCDMA 具有与 GSM 网络良好的兼容性和互操作性，所以联通的定制手机一般同时支持 2G 的 GSM 网络及 3G 的 WCDMA 标准，也就是现在的联通 3G 定制的手机可以接受移动的 2G 卡，但是就不能使用 3G 的移动卡。WCDMA 作为一项新技术，它在技术成熟性方面不及 CDMA2000，但其优势在于 GSM 的广泛采用能为其升级带来方便。其采用最新的传输模式来传输协议，能够允许在一条线路上传送更多的语音呼叫，使同时呼叫的人数由原来的 30 个提高到 300 个，尤其是在人口密集的地方非常适合应用。

电信的 3G 网络——CDMA2000

中国电信采用的 CDMA2000 网络是由以美国高通北美公司为主导的，摩托罗拉、朗讯科技公司和后来加入的韩国三星都有参与实现的一种 3G 通信标准。目前，韩国是该标准的主导者。其在原理上与 WCDMA 是没有本质的区别，都源于 CDMA 技术，都采用码分多址技术，都需要采用扩频技术来实现码分多址。但是 CDMA2000 技术对 WCDMA 和 TD-SCDMA 技术都不兼容。因此电信的定制手机一般都同时支持 2G 的 CDMA 标准及 3G 的 CDMA2000 标准。由于 2008 年电信收购联通的 CDMA 网络和用户，故目前市场上的电信定制手机只能是电信自己的卡才可以使用。

由于 CDMA2000 出现得比较早，其是作为从第二代移动通信向第三代移动通信过渡的一个平滑选择，因此也有人称它为 2.5G。由于其作为过渡的 3G 通信标准，对 CDMA 系统完全兼容，为技术的延续性带来了明显的好处，其成熟性和可靠性也比较有保障。但 CDMA2000 采用的多载传输方式比起 WCDMA 的直接扩频方式，在频率资源的利用上有较大的浪费，而且它所处的频段与国际有关规定的频段也产生了矛盾。

移动的 3G 网络——TD-SCDMA

2000 年 5 月，中国的大唐集团代表中国政府提交的 TD-SCDMA 技术，被国际电联批准为第三代移动通信国际标准。TD-SCDMA 标准是第一个由中国提出的，以中国知识产权为主的、被国际上广泛接受和认可的无线通信国际标准，这是百年来中国电信发展史上的重大突破。

TD-SCDMA 在技术上与 WCDMA 和 CDMA2000 有着很大的差别，它使用时分同步，码分多址接入，由于其参考使用了时分双工（TDD）在不成对的频带上的入模式，时分双工模式就是在上下传输的两个方向上使用同一频率但使用不同时间段交替发送信号。因此 TD-SCDMA 可以灵活地在上行线路（上传数据线路）和下行线路（数据从交换中心传送到用户的线路）之间转换，实现 3G 时代的对称和非对称的业务在资源分配上的问题，可以达到最佳的资源利用率。由于 TD-SCDMA 采用的时分双工技术与 CDMA2000 和 WCDMA 的扩频通信技术有着本质上的区别，因此，TD-SCDMA 在技术上并不兼容 CDMA2000、WCDMA 及 CDMA。所以移动的定制机也称为 G3 手机，只能同时支持 2G 的 GSM 网络及 3G 的 TD-SCDMA，也就是只能使用 2G 的移动卡、联通卡及 3G 的移动卡。

中国移动
TD-SCDMA

虽然 TD-SCDMA 具有最佳的资源利用率，但其终端的移动速度受目前数字信号处理的运算速度的限制，而且其基站覆盖半径只有在 15 千米以内时频谱利用率和系统容量才可以达到最佳状态；而在用户容量不是很大的区域，基站最大覆盖半径能达到 30 千米。因此，TD-SCDMA 更适合在城市和城郊使用。但 TD-SCDMA 的这两个缺点在实际的使用中并没有太大的影响，因为在城市和城郊，车速一般都小于 200 千米/时，而且城市和城郊人口密度高，小区半径一般都在 15 千米以内。

双卡双待手机是怎么回事?

随着手机通信发展，为了生活和工作的需要，很多用户不仅仅只有一个手机号码，但是对于只能支持一个手机卡的手机来说，来回换 SIM 卡是一件很麻烦的事情。为了满足用户的这种需要，支持双卡的手机出现了。

早期的双卡手机只允许一个手机卡处于工作状态，由硬件电路来实现两张卡之间的切换。两张卡在工作状态时不能交换，哪张卡处于工作状态常常是在开机的时候就选择好的。因此切换手机卡的工作模式，重新启动手机系统。这种手机系统被称为双卡单待系统。双卡单待手机中只有一套协议和系

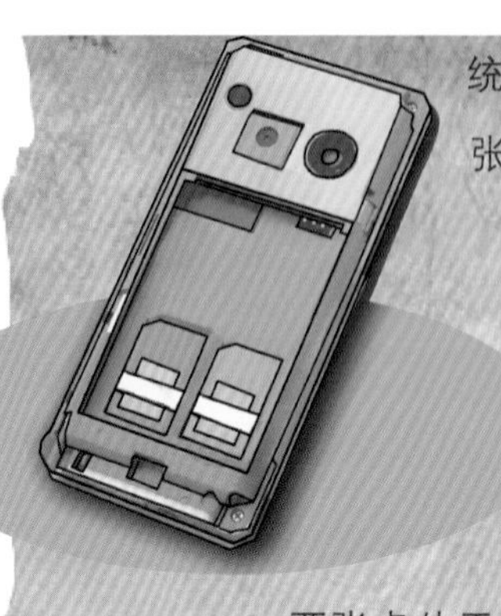

统，所以在同一时间内只能有一张卡处于工作状态。

为了实现两种卡同时处于工作状态，出现了双卡双待系统。双卡双待手机在手机系统中装有两个系统、两套协议、两套射频来支持两张卡处于工作状态。采用两套系统的双卡双待手机确实可以完成两个手机卡的真正同时待机及通话，但是由于需要同时支持两套系统，手机的耗电量相当大，而且两张卡的通信信号之间的相互干扰很大，通话质量差，两个射频频率之间的频率干扰也很大。

目前市场上的双卡双待手机都是双卡双待单通手机，一部手机的两张卡之间的通信是没有意义的，只要实现两张卡可以同时待机、同时工作就可以了，这种手机只使用了一套射频、一套协议。将两套独立运行的协议栈进行密切的整合，使其通过一套协议栈来实现，因此双卡双待手机可以实现两张卡同时处于工作状态。因为只有一套射频来接收和发射信号，在当前一张卡进行通话时，另一张卡就不能再同时处于通话中了，即不能支持两张卡同时处于通信的状态。

3 独一无二的身份认证

户口本登记——实时的身份认证

从你出生时起，你就拥有了自己独一无二的身份，世界上不会再出现另外一个完全一样的你。那你用手机通信时是不是也需要一个独一无二的身份来告知对方这个就是你呢？你开通的业务、你的信息和身份是不是也需要像你的身份证一样来记录起来呢？接下来我们就来看看移动通信中独一无二的身份认证。

在移动通信中，身份认证可不是像我们的身份证这么简单的，它是在计算机网络中确认我们的身份的。由于计算机不能识别我们现实生活的信息，只能识别“0”和“1”的数字，因此我们的身份信息都是用一组特定的数据来表示的，对我们要进行的服务的授权，也是针对用户数字身份的授权。如何保证以数字身份进行操作的操作者就是这个数字身份的合法拥有者，也就是说如何保证操作者的物理身份与数字身份相对应？身份认证技术就是为了解决这个问题，作为保护网络资产的第一道关口，身份认证有

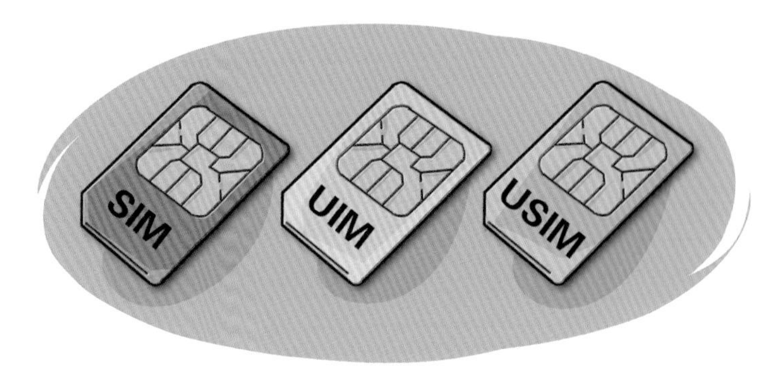

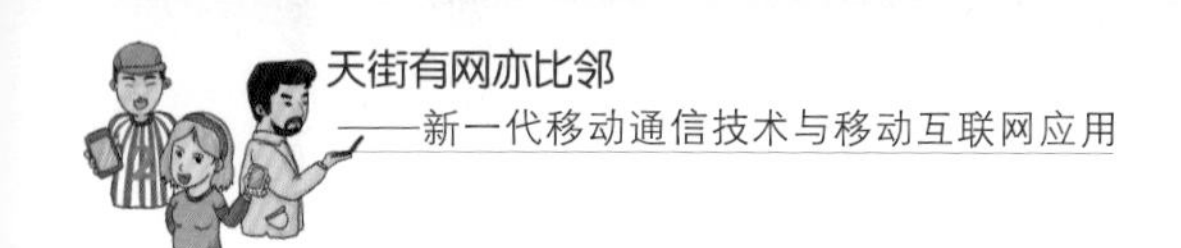

着举足轻重的作用。在移动通信过程那移动通信中的身份证到底是什么呢？其实它一点都不神秘，它就是装在我们手机中的SIM卡。

SIM卡也称为智能卡或用户身份识别卡，它是英文subscriber identity module（客户识别模块）的缩写。对于这类卡英文也有不同的称呼，所以也有UIM卡或USIM卡这样不同的缩写。无论怎么称呼，SIM卡的主要功能就是识别用户身份。

用过手机的你应该也有一张甚至很多张属于自己的SIM卡吧，没有它就算你有手机也是没有办法通信的。它把你的所有信息、还有一些加密的东西都存储在其内的一个小小的芯片上，以供网络对你的身份进行鉴别，并且也会对你通话时的信息进行加密，保护好你的个人隐私。SIM卡的使用，完全防止了并机和通话被窃听行为，而且它的制作严格按照国际标准和规范来完成，能可靠地保护你的正常通信。

我们或许看过或听说过“制作手机监听卡”的广告，广告大多这样声称：“您想监听他人的通话内容吗？只要几千元，我来帮您制作手机监听卡”“为你做一张和他一样的卡，可以听到他的通话，看到他的短信”，这样的声称到底真的可以实现吗？真的可以做一张和原来一模一样的卡吗？

SIM卡拥有自己独立的操作系统，与网络的鉴权均通过高安全等级国际算法来实现。芯片内具有复杂的安装保护措施。从技术上讲，SIM卡的远程复制是不可能办到的。在日常生活中如果我们的SIM卡丢失的话，是可以去营业厅“补办”一张，用一张新的SIM卡来代替原来的SIM卡，将该卡的电话号码与原来的SIM卡的关联，由于用来标示用户识别码IMSI是集成在SIM里面的，因此

复制卡和原来卡的SIM号是不一样的。而营业人员根据新的SIM的识别卡号登陆营业系统，激活新的SIM卡并取消原来的卡，补办并不是复制，补办后原来的卡就失效了。所以外面广告所说的“复制”在没有实物卡的情况下是不可能实现的。

信息认定——用户鉴权

用过手机的你是不是也经历过手机停机的状况呢，当你的手机里没有钱时，你是不能拨打电话的；而当对方的手机没有话费时，你打给他的电话也是没法接通的。你是不是很好奇运营商是怎么知道你已经没有话费了？其实要实现这些也并不复杂，他们就是通过SIM卡中的信息，然后在通信网络中对你的信息进行实时的鉴权来实现的。

为检测和防止移动通信中的盗打、盗用等各种非法使用移动通信资源和业务的现象，保障网络安全和电信运营者及用户的正

当权益，移动用户鉴权是一种行之有效的方法，它的引入和使用是数字移动通信优越于模拟移动通信的一个重要方面，用户鉴权是数字移动通信中必不可少的一个部分。

用户登录到数据业务管理平台或使用数据业务的时候，业务网关或协议发送此消息到这个平台，对该用户使用数据业务的合法性和有效性（状态是否为激活）进行检查的一种方式就是用户鉴权。例如：在我们使用手机的过程中，我们需要进行通话、上网等各种业务要求的时候，数据业务管理平台就会根据我们的 SIM 号来判断我们是否有权利进行该项业务要求。如果满足这种要求，我们就可以进行接下来的各种数据服务；如果我们当时的用户鉴权失败，如手机停机、SIM 卡失效等，就没法进行当前所要求的服务。

简而言之，用户鉴权就是一种用于在通信网络中对试图访问的用户判断其是否可以进行服务的权限的方法，是一种在通信网络中服务提供商对用户进行鉴权的方法。该方法包括：为用户分配用于访问各个服务的服务专用标识；当用户发出请求时，该请求将标识出将要访问的服务和该用户的公开密钥；在认证机构处，对所述请求进行鉴权，验证该服务的专用标识和与请求中公开密钥绑定的公开密钥证书，并且将所述公开密钥证书返回给所述用户。

在第二代移动通信系统中一般均支持以下场合的鉴权：移动用户发起呼叫；移动用户接收呼叫；移动台（移动通信网中移动用户使用的设备）位置登记；移动用户进行补充业务操作；需要进行切换（包括在一个移动交换中心中从一个基站切换到另一个基站，从一个移动交换中心切换到另一个交换中心，以及在另一个交换中心又进行基站间的切换等等）。第三代移动通信技术以CDMA网络为代表。该阶段终端的身份识别同样具有独立的模块USIM卡，但与第二代相比，鉴权算法更复杂，参与运算的参数更多。随着通信技术的飞速发展，用户鉴权的算法也会变得越来越复杂，参与运算的参数也会越多，功能也会更加完善。

保险箱的换代升级——密钥体制的革新

老张是公司的部门经理，手机上保存了很多重要客户信息，还保存了很多和家人的照片，最近他感觉自己的重要客户好像被竞争公司的人偷偷窃取了。可是他手机都是随身携带的啊，这是怎么回事呢？原来手机也会“泄密”的。一些软件和病毒都是可以把我们手机上的信息泄漏出去的，手机上的通话记录、通话内容、照片等各种信息也会通过手机联网的时候泄露出去。听到这里的

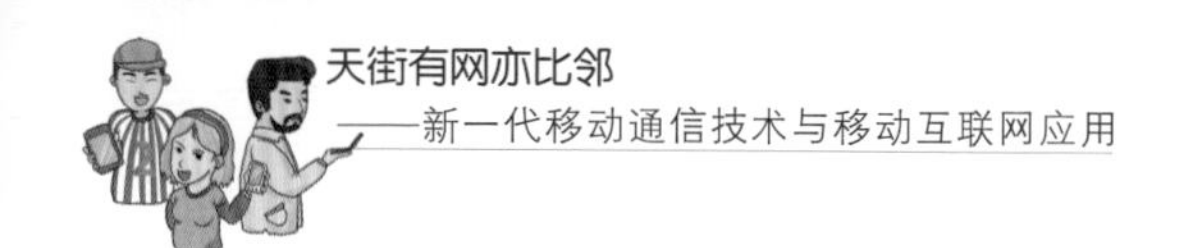

是不是有点怕怕的，其实运营商及那些致力于移动通信安全的人们一直在努力地改进密钥体制，使得我们的信息在移动通信的过程中避免被别人窃取，保护我们的信息安全。接下来我们就来看看保护信息安全的密钥体制是怎么样变化吧。

现代的密钥体制主要分为两种：对称密钥体制和非对称密钥体制，它们的依据是加密和解密采用的密钥（钥匙）是否相同来划分。

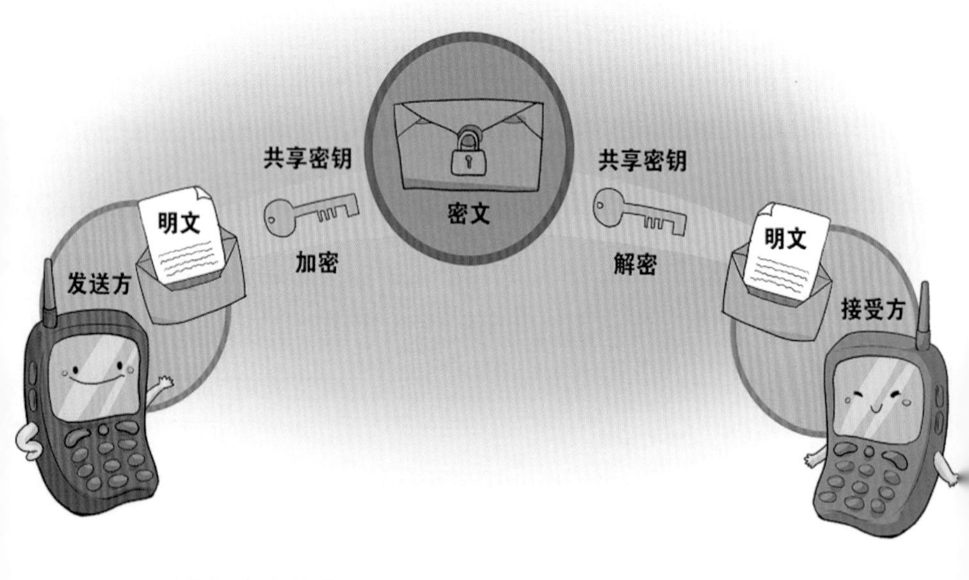

对称加密中的密钥称为秘密密钥，即“开锁”的钥匙是保密的，加密和解密该密码是一样的，那该密码就很重要，因为密码如果被别人知道，解密就是一件拿钥匙开门这么简单的事情。非对称加密算法需要两个密钥：公开密钥（public key）和私有密钥（private key）。其实现的基本过程是：甲方生成一对密钥并将

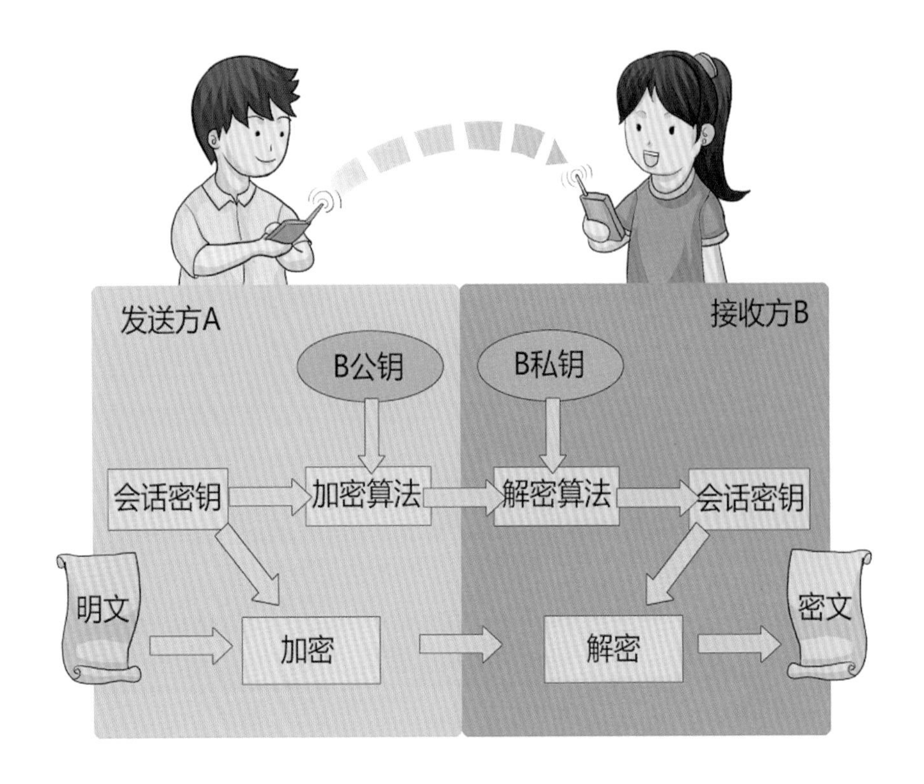

其中的一把作为公用密钥向其他方公开；得到该公用密钥的乙方使用该密钥对机密信息进行加密后再发送给甲方；甲方再用自己保存的另一把专用密钥对加密后的信息进行解密。另外，甲方可以使用乙方的公钥对机密信息进行加密后发送给乙方；乙方再用自己的私钥对加密后的信息进行解密。甲方只能用其专用密钥解密由其公用密钥加密后的任何信息。非对称加密算法的保密性比较好，它消除了最终用户交换密钥的需要。

这种密钥算法比较复杂、安全性依赖于算法与密钥。但是由于其算法复杂，而使得加密、解密速度没有对称加密、解密的速度快。对称密钥体制中只有一把密钥，并且是非公开的，如果要解密就得让对方知道密钥。所以保证其安全性就是保证密钥的安全。而非对称密钥体制有两把密钥，其中一把是公开的，这样就可以不需要像对称密钥那样传输对方的密钥了，安全性就大了很多。由于非对称密钥体制的安全性高和难攻破的优点，目前在移动通信过程中的密钥问题常用非对称的密钥体制。

在第一代的模拟蜂窝移动通信系统中基本上没有采取这些加密的机制，因此当时出现了大量的克隆手机，用户和运营商的利益受到了很大的损害。在2G时代，移动通信系统均采用基于私钥密码体制，采用公共的密钥，通信网络通过对接入的用户进行认证，并对数据信息进行加密来实现安全保障，但是其在身份认证及加密算法等方面还是存在着许多安全隐患。发展到3G的时候这些方面都得到了改进，在2G原有的基础上进一步完善了安全特性与安全服务。未来，移动通信不仅要提供传统的语音、数据、多媒体业务等，还要支持电子商务、电子支付、股票交易等智能化的服务，到时候智能终端将获得更广泛的使用，网络和传输信息的安全将成为制约其发展的首要问题。因此，密钥体制的革新对移动通信发展起着至关重要的作用。

4 认识移动终端

小手机大乾坤

传统手机一般由射频部分、基带部分、电源管理和外设几部分组成。

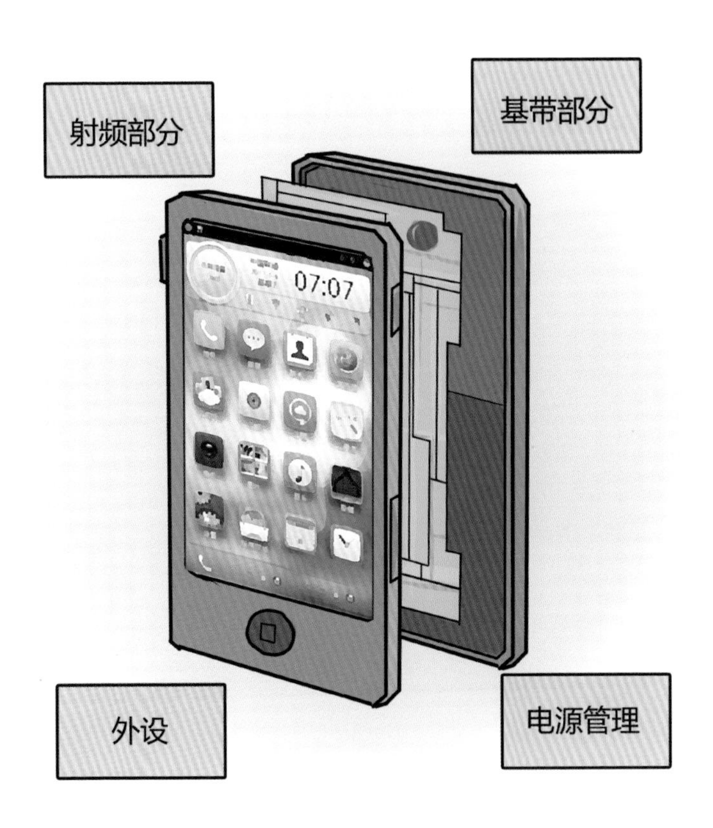

手机终端中最重要的部分就是射频芯片和基带芯片。其中，射频芯片负责射频收发、频率合成、功率放大；基带芯片负责信号处理和协议处理。

射频芯片的工作通俗来说就是接收信号和发送信号，其主要负责接打电话和接收短信时与基站通信。

要是射频芯片既要发射信号又要接收信号，那么就需要有两根天线，一根发射，一根接收。但实际上只有一根天线，一般会用一个开关（switch）来切换接收和发送的状态。可能你会问，“什么时候切换？我打电话的时候既接收信号又发送信号，怎么没有感觉到切换呀？”，这个开关切换速度非常快，就好比我们平时在电脑上可以同时下载和上传多个文件，而感觉不出来是通过一根网线做到的一样。

我们的手机是数字手机，要处理的都是数字信号，而射频芯片发射的都是模拟信号，所以这里有一个数模转换的过程，数模转换的部分可能被包含在基带芯片中，也可能被包含在射频芯片中。

数字信号转换成模拟信号后信号非常的弱，不足以发送给基站，所以一般射频芯片中都有一个功放，功放顾名思义就是将功率放大。功率放大的代价就是电源消耗严重，所以我们打电话的时候特别消耗电。那一般不打电话时也有信号发送给基站啊，要不手机上的信号怎么忽强忽弱的？对的，但是没有电话时射频信号一般发送的周期特长，比通话时信号发送的频率要低得多，所以这时不太耗电。

介绍完了射频芯片和基带芯片后，让我们来看一下手机，具体又是如何进行语音通信的呢？其实原理和电话的差不多，只是它不需要电话线，而是依靠无线电波进行传输。例如，李雷在用手机给韩梅梅打电话问作业，李雷的手机通过一个内置的无线信号发射芯片和无线发射塔进行联系，无线发射塔把收到的语音电信号转入核心网，接着核心网把电信号通过发射塔转发给韩梅梅的手机，让韩梅梅能听到李雷说的话。无线发射塔相信大家都见过，它负责固定区域的手机接入网络的功能。而手机的 SIM 号用来告诉运营商你的手机号码。

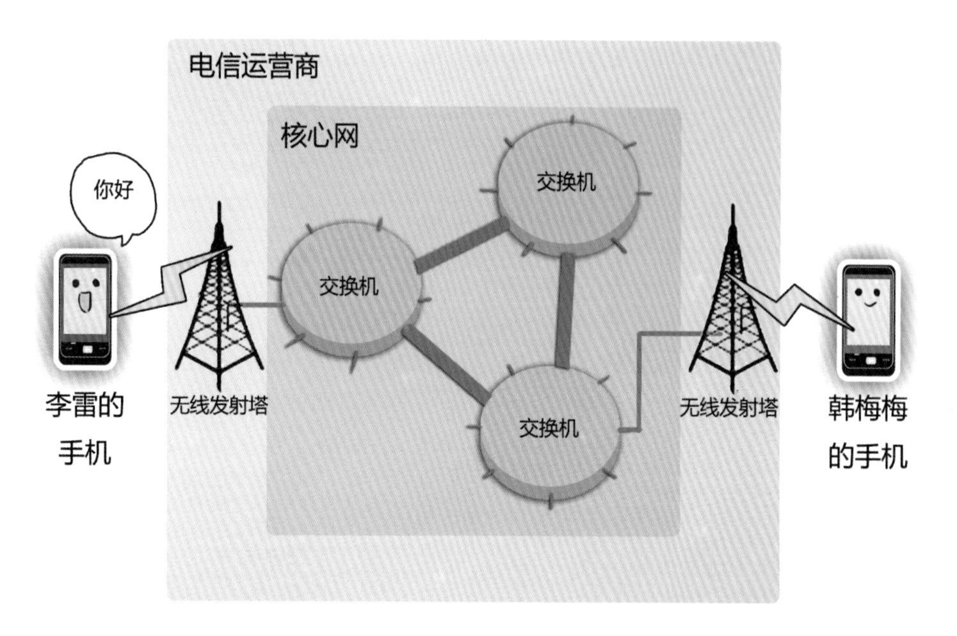

什么是智能手机?

我们公司的张经理，喜欢体验最新款的电子产品和最热门的应用，一直使用最新款的智能手机。对他来说，手机就是“个人信息管理中心”，他有意识地把所有每天要做的事通过手机记事簿等软件整合在一起，集中在手机上进行应用管理。

具体来说，首先，遇到新名词或看到新鲜事物时，第一选择就是用手机上网查资料，弄清楚，像之前很火的《甄嬛传》，里面的皇后、贵妃、常在、贵人之类的品级称呼，就是一边看电视，一边用手机查资料搞清楚的。

其次，手机的应用软件让他的生活变得很方便，专业的办公软件，专业的邮箱软件，专业的阅读器、浏览器，每天起床第一件事，就是先用手机打开邮箱，看有没有最新的邮件，然后关注

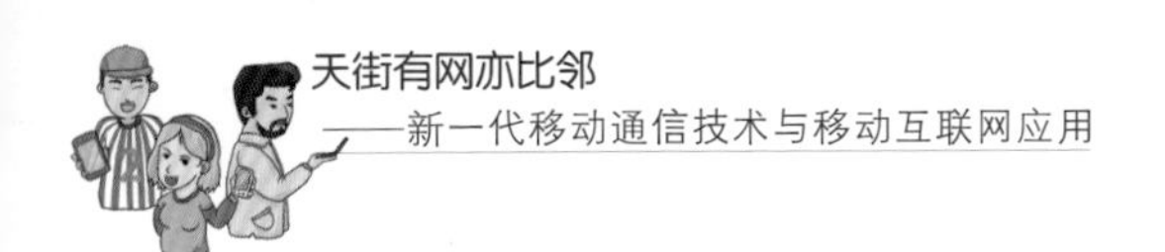

一下买的股票信息，接着看看日程提醒，了解一天的行程安排，在上班的途中，浏览新闻，听听音乐，保持好心情。

还有，手机地图、GPS 定位功能也是日常活动不可少的工具，无论是开车、坐公交，还是走路，手机地图都起到很重要的作用，尤其是对路痴来说，真的是天降福音，自从用了手机地图，“妈妈再也不用担心我会迷路了”。通过这些应用进行记事同步、日程管理、日常娱乐，使得手机成了他生活中的必需品。通过应用软件等的辅助，手机也集合了绝大部分他需要的功能，并且方便携带。那么，到底什么是智能手机呢？

智能手机（smartphone），智能手机就是一个更加人性化的设备，满足人们更加多的日常生活需要，并且方便携带和使用。比如上面所提到的操作，都可以通过智能手机来实现。它更类似于一台微型的个人电脑，除了原来手机的打电话和短信需求外，又集成更多的功能和应用，可以让人们随时随地上网和浏览信息。此外，与传统手机最大的差别就是智能手机拥有为其量身打造的类似于个人电脑的操作系统，在操作系统的帮助下，我们可以自由的下载和删除需要的应用软件。智能手机与传统手机相比，还拥有更快的处理速度来满足我们玩更高级有趣的游戏需求，更高的图像清晰度来体验美图，更高屏幕的分辨率来满足手机看视频的需求，人性化的触摸屏操作，更高配置的摄像头，并且还可以通过 WiFi 实现无线网络接入，总体来说，智能手机就是台“具有一定电脑功能”的手机。

智能手机的灵魂——移动操作系统

前面我们说到了手机的硬件结构，了解硬件结构是手机的“身体”，那拥有“身体”的智能手机是如何变得这么人性化呢？在屏幕上一点一画一按，它是怎么知道你要做什么了呢？其实智能手机也是有“大脑”的，用“大脑”将这些硬件的功能组合起来，变身为一个好的“管家”来管理它们，让这些硬件之间协调有序的工作，把我们的要求通过“大脑”传达给手机的硬件，同时又把硬件的那些命令通过图形和其他的方式展现在我们眼前。那这个“大脑”就是我们接下来要说的移动操作系统了。

移动操作系统，其实就是用在那些移动设备上如智能手机、

平板电脑等的操作系统，用于管理和驱动硬件和软件的程序，它可以让用户自行在系统中安装软件、游戏等第三方服务商提供的程序，不需要直接跟硬件打交道，通过它来不断对移动设备的功能进行扩充，使用户可以随心所欲地定制自己设备的功能。

一般来说，移动操作系统是由多个层次构成。最高层是应用层，包括各种应用软件，用于与用户进行交互，通过可视界面，比如打开“愤怒的小鸟”，应用程序就可以直接用户输入，并且将系统信息反馈给用户，比如游戏失败，要重玩还是退出游戏。同时，用户还可以用第三方服务商提供的软件为自己的移动设备进行功能定制与扩展，比如你想玩“神庙逃亡”，可是手机上没有，你可以去手机里面的应用库里找到它，然后点击下载，安装后，你就可以尽情地玩了。

其次是中间层，包括一些函数库，主要作用是介于应用层与内核层之间，方便应用程序对底层的调用。你可以把它想作一个运输工具，应用层次需要什么东西，都交给中间层，通过中间层对底层进行操作以实现。因此，中间层用来将顶层与底层结合起来，处理应用对内核的操作，并合理的分配硬件资源，供系统使用。

最底层是内核层，用于对底层的硬件进行操作与驱动，通过操作系统把你的信息和要求转换为硬件可以理解的语句来通知手机的硬件，然后在合理的调用 CPU、外设等来完成你的请求。

目前我们常用的移动操作系统主要有 Android（安卓）、iOS（苹果的操作系统）、Windows Phone 8、BlackBerry（黑莓）OS 6.0、Palm OS 等。2012 年第四季度，安卓及 iOS 已经占了超过 90% 的智能手机市场份额。

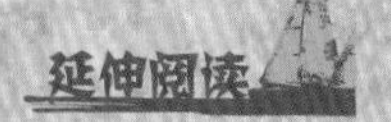

那些年，我们一起追过的智能手机操作系统

塞班，大多数80后、90后应该都对这个系统耳熟能详。在2008年前后，诺基亚5230火遍校园，塞班系统的全球市场占有量在2011年之前长时间占据世界第一，但因为诺基亚未能及时正确地应对移动市场的新变化，塞班已迅速被其他系统所取代。

安卓，以机器人和甜品来命名的操作系统，由谷歌在2008年发布，它是一款开源的操作系统，彻底打破了智能手机操作系统界的平静，凭借其开源和应用方便，2011年底，占据了世界智能手机操作系统份额的52.5%，位居世界第一。

苹果，是由苹果公司自主开发智能手机的操作系统，也是用户体验最好的一款操作系统，它制作精良，系统反应快速，应用安全，应用商店严格认证，每发布一款新手机，都会受到世界人民热捧，俗称“果粉”，虽然市场占有率不及安卓，但在智能手机操作系统的地位，丝毫不差。

五花八门的移动终端

走进办公室，有人拿着最新款的 lumia920 忙着拍照，有人举着好不容易在官网抢到的小米手机且给同事炫耀小米的好处以及自己的运气，前台的小美女则用最新 iPad 切着水果，还能看到研发的经理正在进行视频通话比划着什么……

最新的上班一族，传统的公文包、记事簿、签字笔都已经不是必需品，这些需要智能手机或者平板电脑搭载的 office 办公软件就能解决，连接 WiFi，上班途中看新闻，会议室收发邮件，随时随地可以拍照，休息时选择听一些轻音乐，出差过程中进行视频通话……种种功能使智能手机和平板电脑占领了大部分人的生活。

2012 年全球手机销售量约 17.5 亿部，预计 2013 年将达到 19 亿部，目前全球智能终端市场发展火热，智能手机销售份额已经超过传统的功能手机。人手一部智能手机已经成为一种新的时尚。

自 1983 年库珀在摩托罗拉推出第一款手机以来，30 年间手机经历两次跨越式发展，从传统手机跨越到功能手机，从功能手机发展到智能手机，从重达 1 千克的“大哥大”到鸡蛋重的智能手机，从语音通信终端到多功能智能终端。

第一类是传统手机，传统手机主要作为语音通信工具，功能比较单一，硬件结构相对简单，且其硬件和软件之间存在着很强

EN
你好!

的相关性和依赖性。基本上除了打电话之外没有其他功能。

第二类是功能手机，围绕一个功能强大的基带处理器芯片搭建起来，这个基带处理器芯片有一个与之配套的应用协处理器。基带处理器芯片承担相关较复杂应用，协处理器则执行视频处理等需要大量运算的功能。相比传统手机，功能手机增加短信通信、音乐播放、视频播放、娱乐游戏等媒体功能，娱乐性大大增强，但对比智能手机则运算能力逊色很多，只能执行一些应用程序，不能执行原生程式，各种功能都被限制，属于被牢笼困住的“智能手机”。

第三类是智能手机，即高端手机，像个人电脑一样，具有独立的操作系统，可以由用户自行安装软件、游戏等第三方服务商提供的程序，通过此类程序来不断对手机的功能进行扩充，并可以通过移动通信网络来实现无线网络接入的这样一类手机的总称。苹果、三星、华为、HTC、诺基亚等公司占据智能手机市场的绝大部分份额。各种系统、各种应用层出不穷，功能越来越多、重量越来越轻、实用性越来越好、内存越来越大、分辨率越来越高、图像解析功能越来越强、视频解析能力越来越快。

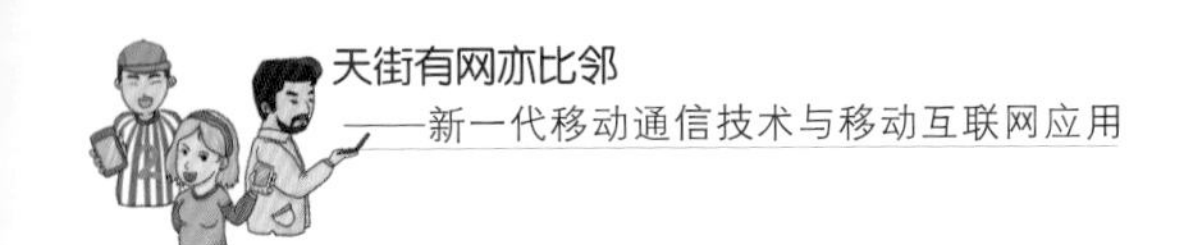

移动通信高速发展到今天，手机已成为各种应用和业务的承载平台，因此，对其硬件性能要求不断增高。市场对新产品的需求也越来越快，产品更新速度与日俱增，这些都导致终端生产产业链分工的日益细化，因此相似功能的技术和产品也越来越多。此外，手机使用的芯片等硬件不断趋于模块化和同一化，功能模块的替代更方便，手机也有了独立的可移植的操作系统，目前基于安卓、苹果、微软等操作系统的智能手机的市场正迅速扩大。

平板电脑，作为移动终端另一代表，通过苹果、微软、谷歌的大力推广，也如火如荼的发展起来，据媒体报道，2012 年儿童最喜欢的圣诞礼物是 iPad，超过了对芭比娃娃、棋盘游戏等传统玩具的需求。

平板电脑的概念是由比尔·盖茨在 2000 年所引进的，由于微软系统是专门为传统电脑设计，并不适合平板电脑操作，所以，平板电脑在 2010 年之前都处在概念为主的阶段，直到 2010 年乔布斯发布第一代 iPad，重新定义平板电脑的概念和设计思想，取得巨大成功，引爆了各大厂商对平板的热情，微软和谷歌先后投入巨大精力研发适合平板的操作系统，先后发布了 Windows8 和安卓，但最为成功的平板产品无疑还是 iPad。

平板电脑可以随身携带，不仅轻薄，而且带有电池，能够延长使用时间，启动迅速，可稳定地连接到电子邮件、社交网络和应用。不管是商务人士用来办公，还是生活中拿来娱乐，平板电脑都是一个很好的选择。

三　当移动缠上互联网

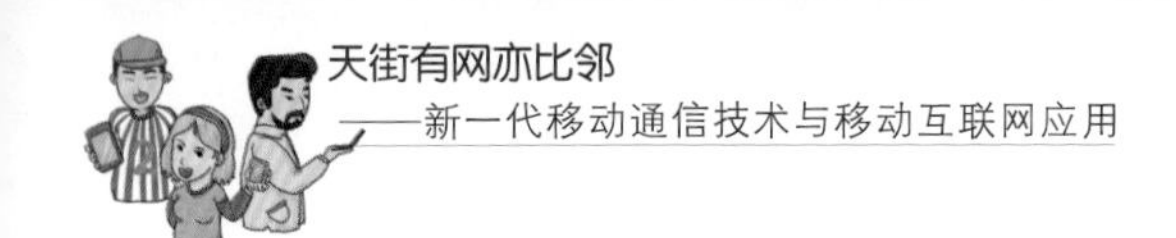

人们常常有这种感觉，各个年龄段的人会有各自关注的话题。20 多岁的人聚在一起，喜欢聊吃、喝、玩、乐；30 岁以上的人聚在一起，则喜欢谈谈工作和交流育儿经验……但是，作为一名将近 40 岁的某事业单位中层领导的余先生却不是这样。

“以前，他还没当领导时，我们聚会的机会相对较多，我们见面时还是会相互寒暄各自的近况，一起参谋些事情。”余先生的一位老同学说，他有一个习惯动作，进门后先把包里的手机掏出放在餐桌上，以便领导来电话时能第一时间接电话。不过，随着时间一年一年地过去，他的习惯开始有了些变化。坐在餐桌前，余先生不是直接把手机放在桌上，而是一直拿在手上，手指还不停地在手机上点点画画，也不知道在忙些什么。尤其是近年来，他还学单位的很多年轻人，玩起了微博。饭桌上除了玩手机外，还忙着在大家动筷前拍照，说是要发微博。他现在根本就没时间像以前一样，和大家一起聊家常。

那位老同学补充道，现在这样的情况并不止出现在余先生一人身上，越来越多一起聚会的朋友也都低头忙着摆弄手机，有的看短信，有的聊 QQ，有的刷微博……聊天只是有一搭没一搭地进行着。我们的生活已经逐渐离不开移动互联网了。

1 日新月异的移动互联网

如同父子的互联网和移动互联网

纵使一个跟头十万八千里，孙悟空始终跳不出如来佛的手掌

购物，聊天，学习
办公，看资讯等等
14:02

心。如来佛的神通广大，大家都知道，在移动互联网时代，我们也可以成为“如来佛”。凭借小小手机，我们就能够上知天文、下知地理，关心天下大事。就算是孙悟空穿越到现代，肯定会大吃一惊，因为我们凭着手机，就能够知道他到了哪里，做了什么事。就算他连翻十个跟斗，也逃不出我们的手掌心。

移动互联网可以算得上是人类的一大进步，它可以帮助我们更快更准地了解天下事，与周边的人沟通 ——如果你愿意，世界就在这小小的移动设备中，在你的十指之下，不断跳动闪烁。仿佛整个世界由你掌控 ——这就是移动互联网的“掌控”力量。

可是，移动互联网到底是什么？对于运营商而言，移动互联网提供百姓手机上网接入、无线接入服务；对于开发与设计者，移动互联网就是移动网络，通过网络和他人进行交流与沟通；而普通用户对移动互联网往往这样思考：是该通过手机聊天、看电视，交友，玩游戏？我该不该换新手机？

在了解移动互联网之前，先简单了解移动互联网的根 ——互联网。说起互联网，大家肯定想到坐在电脑前浏览网页、收发电子邮件、聊天、搜索等。

几年前，人们还不敢想象可以一边逛街一边上网，因为再小的笔记本电脑也需要坐下来才好使用，况且笔记本电脑的电池也维持不了多长时间。近年来，随着智能手机的迅速普及，移动互联网也随之迅速蔓延。

“小巧轻便”及“通信便捷”两个特点，决定了移动互联网与互联网的不同之处。

一般移动终端都不到一个巴掌大小，重量不超过 200 克。女士们可以轻松地放在手袋里，男士们更可随意揣到口袋中。无论放在哪里都有同一个目的——随时拿出来使用。对于大多数人而言，移动设备的使用时间一般都远高于个人电脑的使用时间。这

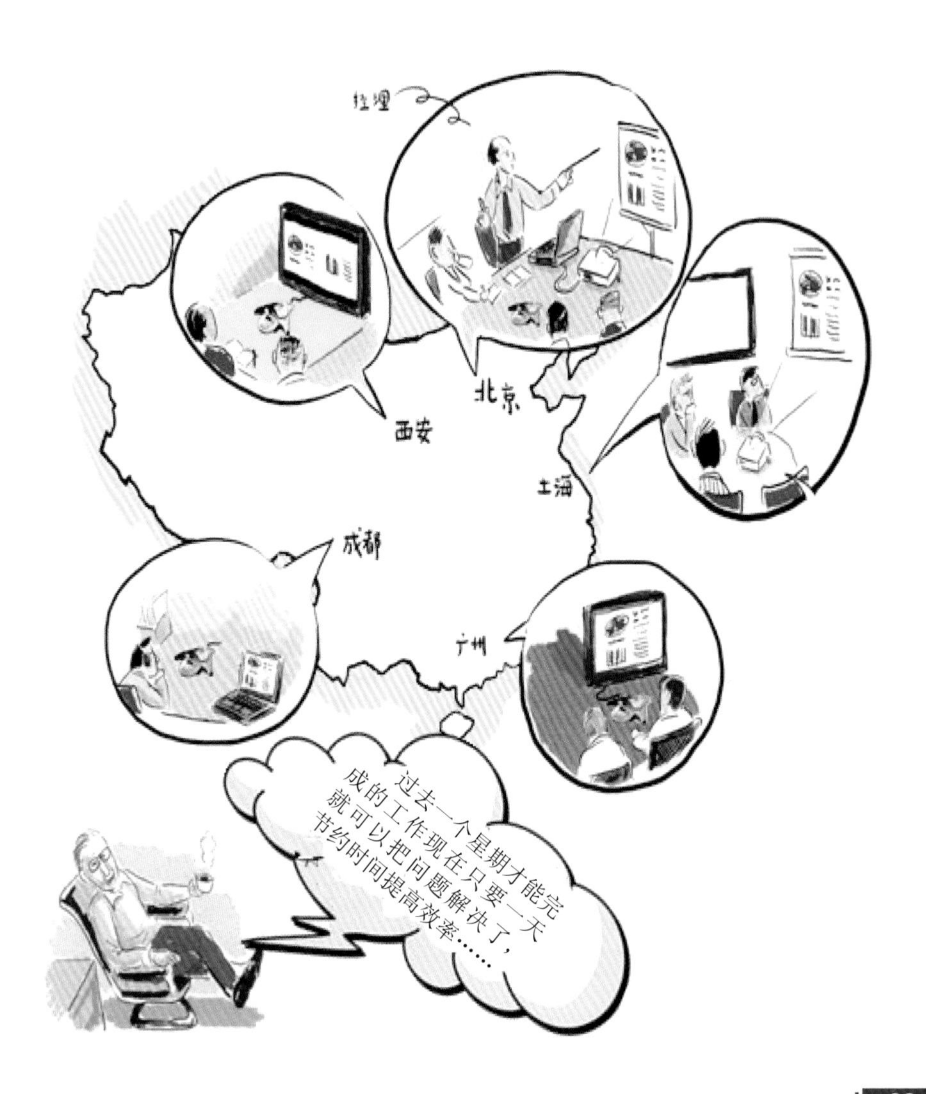

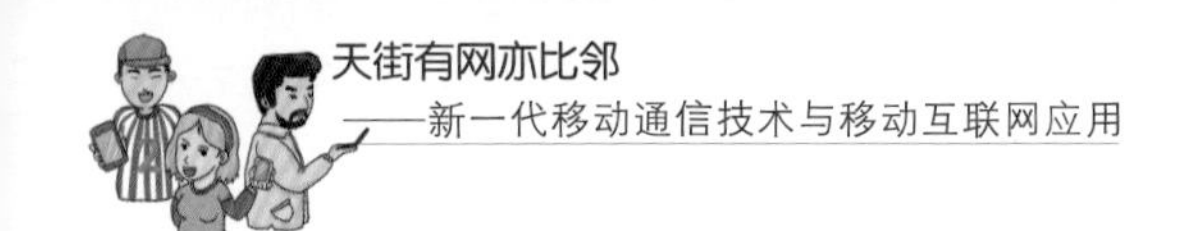

个特点就决定了移动互联网的优越性，使用移动设备上网，可以带来个人电脑上网无法比拟的优越性，即沟通与资讯的获取远比个人电脑设备方便。

用户对移动设备隐私性的要求远高于对个人电脑端的要求。无论通信运营商与设备商在技术上如何实现它，高隐私性决定了移动互联网终端应用的特点——在数据共享时既要保障认证客户的有效性，也要保证信息的安全性，这就不同于互联网公开、透明、开放的特点。在互联网下，个人电脑端系统的用户信息是可以被搜集的。而移动通信用户上网，显然是不需要自己设备上的信息给他人知道，甚至共享。

除了长篇大论、休闲沟通外，能够用语音通话的就用语音通话解决。移动设备通信的基本功能代表了移动设备方便、快捷的特点。此外，移动通信用户也不会接受在移动设备上采取复杂的类似个人电脑输入端的操作——用户的手指情愿用“指手画脚”式的肢体语言去控制设备，也不愿意在巴掌方寸大小的设备上去输入 26 个英文字母长时间去沟通，或者打一篇千字以上的文章。

从以上的特点推断，可得出移动互联网的基本面貌：用户选择无线上网，并不等于使用移动互联网，移动互联网也不是互联网的简单延伸，移动互联网与互联网虽然在数据传输技术上不断地融合，但它们在接入终端以及应用模式上却表现出越来越显著的区别。

纯移动设备用户上网访问应用时，要避免一切会给用户带来疑问的应用，以减少下载量和输入量。移动设备用户情愿缺少一个非必须的应用，也不愿意冒着设备被软件破坏的危险去安装一个系统或者软件。移动办公代替不了个人电脑办公，移动办公只适宜解决信息量不是很大的问题，如远程会议、发送现场数据等，要进行大数据的采集编辑还是需要个人电脑设备。在小小的屏幕下，工程师不会进行图形编辑，而记者也不愿意进行长达千字的办公软件操作。用户只读不写或者加以简单的批注，才更为适合移动设备的使用特征。移动设备的用户可以通过设备的上下左右摇摆，手指对屏幕的触动进行操作。移动通信设备在网络上，与视频、音频完美融合，如远程监控、远程即时会议、商务导航等，这些都是 PC 端无法比拟的。移动通信设备还可以对其他数码设备的支持，如车载系统，担当家电数码组合的客户端操作设备，基于隐私保护下可担当移动银行支付卡等。移动互联网和互联网就像儿子和父亲一样，本质上虽很相似，却也有很多明显的不同点，他们有自己的优缺点，不可互相取代。

我们都在用移动互联网

在日常生活中，我们可以用手机或者其他移动终端直接进行即时信息查询，用微信、飞信、米聊进行即时通信，将自己即时拍摄的照片发到微博；用手机上网的功能逛网上商城，完成支付；用手机定位搜索的功能完成导航……这些生活中的常见应用都得归功于我们使用的移动互联网。

移动互联网是移动通信技术与互联网技术融合的产物。从本质上说，移动互联网是一种新型的数字通信模式。广义的移动互联网是指用户使用移动电话、PDA 等其他手持设备，通过各种无线网络，包括移动无线网络（例如 2G、3G 移动通信网络）和固定无线接入网等接入到互联网中，进行语音、数据和视频等通信业务。

移动互联网的意义在于它融合了移动通信随时、随地、随身和互联网开放、共享、互动的优势，代表了未来网络的一个重要发展方向，正在改变着人们的生活方式。

随着互联网业务潜入我们的手机、平板电脑等可移动的便携设备上来，其独具的优点也开始凸显出来，移动性应该是其具有的最基本的与互联网相区分的特点，除此之外，在移动互联网世界里，我们可以随时、随地、随心地享受移动互联网带给我们的便捷。其丰富的业务

种类、个性化的服务，还有很多为某些特殊需要量身订造的功能等，移动的终端和互联网服务的完美结合，让我们可以随时享受互联网业务的美好和便利。可是，在此传统互联网拥有更多优点的同时，移动互联网也会受到种种的限制，主要表现在网络和终端方面。首先，目前的 WiFi 等无线上网的覆盖面较少，手机上网会遇到速度和费用等的限制。而且无线网络的传输受环境的影响较大，很多时候我们需要来回的变换位置来换取良好的网络服务。其次，我们的智能终端在能力方面也是有限的，比如处理的速度，有时候反应较慢。电池容量也会对我们享受移动互联网的便利性起到限制作用，很多智能手机的使用时间是不能维持一天的。移动终端的能力也会限制我们可以享受的互联网业务。

随着移动互联网应用的深入人心，技术的不断更新，无线网络的覆盖面越来越广，越来越多的公共场所开始提供免费无线网络服务。在一些我们常去的公共场所，都提供了无线网络的接入，比如，当拥有智能手机的你在咖啡厅、机场等是不是很习惯的想要去连接 WiFi 呢？就连现在的地铁，甚至公交车都开始提供免费 WiFi 了。随着 4G 的到来，网速的提高和费用的降低更为我们享受移动互联网的精彩和便利提供了充足条件。目前的移动终端设备在飞速地更新换代，智能手机从单核到双核再到四核，同时手机电池容量也有了很大的提升，这些都在为我们享受移动互联网的美好而发展。为了保护用户信息的安全性，用户信息的私密性也做得越来越好，比如移动支付服务就需要经过身份验证才可以实现支付。这些改变正在逐渐减少移动互联网的局限，为我们提供越来越便利的移动互联网服务。

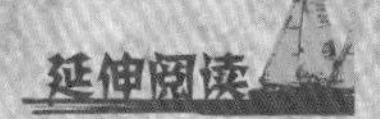

广州市“无线城市”建设

广州科信局、市交委等部门正在推进“无线城市”建设，广州从2012年3月开始试点公交WiFi覆盖，目前已有54、B10、B11、211、244、245、810、813等线路数百辆公交车“尝鲜”，而大学城的381路甚至有了广州首个4G无线网络试点。市交委正逐步推进公交车站及更多公交线路的WiFi服务。目前，在广州，只要公交车上有WiFi覆盖标志，就能够连接到免费的WiFi网络。

移动互联网在世界

在最近几年里，移动通信和互联网成为当今世界发展最快、市场潜力最大、前景最诱人的两大业务。它们的增长速度都是任何预测家未曾预料到的。

数据显示，到 2012 年底中国手机网民数已将近 4.2 亿，与此同时，中国网民使用手机上网的比例已首次超过使用 PC 上网的比例。这一历史上从来没有过的高速增长现象，反映了随着时代与技术的进步，人类对移动性和信息的需求在急剧上升。越来越多

的人希望在移动的过程中快速地接入互联网，获取急需的信息，完成想做的事情。所以，现在出现的移动与互联网相结合的趋势是历史的必然。目前，移动互联网正逐渐渗透到人们生活、工作的各个领域，移动音乐、手机游戏、视频应用、移动支付、位置服务等丰富多彩的移动互联网应用迅猛发展，正在深刻改变信息时代的社会生活。移动互联网经过几年的曲折前行，终于迎来了新的发展高潮。

未来几年的移动互联网将继续以技术进步和市场需求为驱动，加强创新和融合，在移动化、宽带化、个性化和可信可管化方面取得进一步的突破，为用户提供更多、更好的服务。

移动互联网是智能终端、互联网、多媒体业务、娱乐游戏等产业相互融合的汇聚点，因此在发展的过程也会融合各个方面的多样化技术。在接入无线网络方面，有无线局域网接入技术WiFi、无线城域网接入技术WiMAX和传统3G加强版的技术，也就要求我们的移动终端可以支持多样化的接入技术。而作为业务支持和推广应用的移动终端设备，在满足越来越多样化的需求和个性化的需要的同时，也会有越来越多解决方案，比如移动操作系统的多样化等。另外，网络技术推动内容制作的多元化，也是移动互联网合理分配网络资源的发展趋势，有效地对网络资源进行合理管理和分配，如很多运营商推出夜间包大流量的优惠活动一

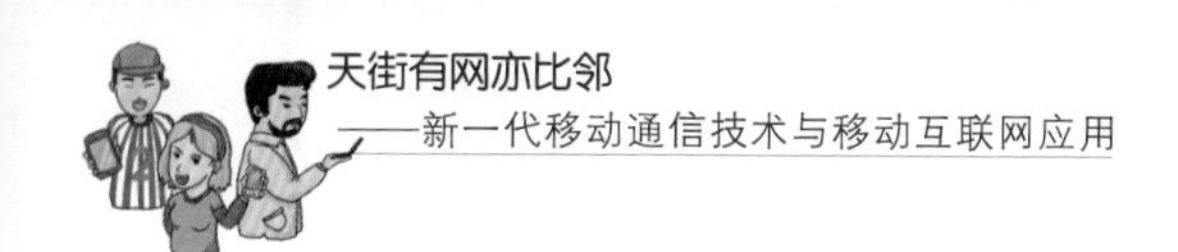

样，在人少的时候享受极速上网速度。

除了技术方面外，还有商业运行模式的多样化。商业运行模式也就是移动互联网企业在盈利方面探索的方向，通过免费提供信息服务来收取广告费的门户网站和移动搜索的模式，通过对用户收取信息和音频、视频等内容费用的模式，还有收取增值服务费如购买游戏道具、付费更优服务的模式，相关增值服务付费的盈利方式。

总而言之，在移动互联网时代，传统的信息产业运作模式正被打破，新的运作模式正在形成。对于智能终端的设计和制造商、互联网公司、消费电子公司、网络运营商和应用开发商来说，这既是一种机遇，也是一种挑战。他们的发展和竞争是移动互联网发展的主要推动力量，也是我们用户享受移动互联网美好生活的保证。

2 随手不离的移动互联网

随身而动的移动互联网与宽带接入

互联网的高速发展给我们的生活带来了翻天覆地的变化，电子邮件、万维网浏览、电子商务、社交网络等已经走入我们日常生活。这些新型的应用加速数据业务量快速增长，这里有两个问题需要考虑：一个是在移动互联网中如何支持基于 IP 的各种应用；另一个是如何更好建立基于 IP 的骨干网。

互联网和移动通信同时都在快速发展，而且有些国家的移动

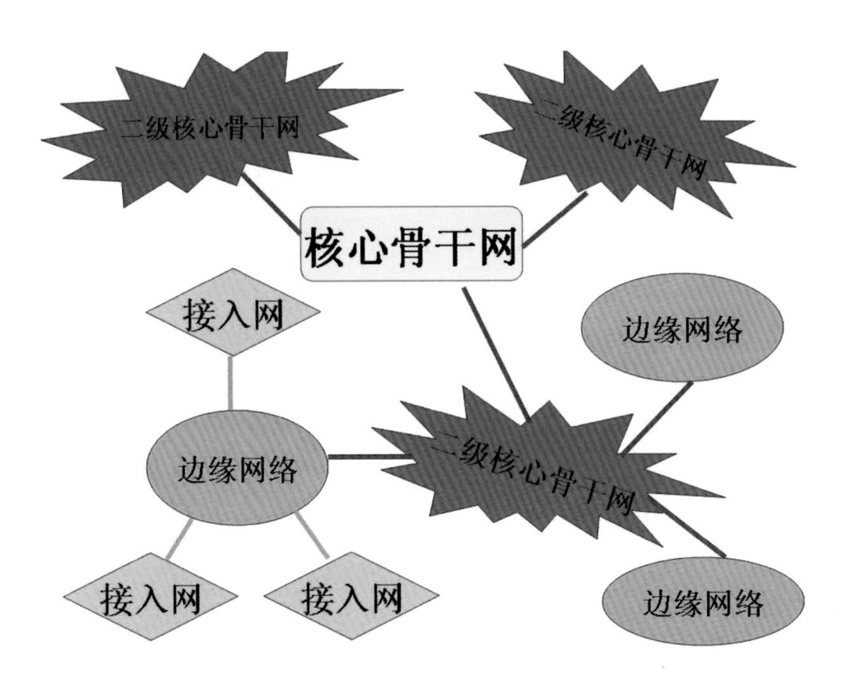

用户已经超过了固定电话的用户，目前移动互联网的接入方式有两大类：一类是基于局域网的技术，比如无线局域网（WLAN）和蓝牙等；另一类是基于蜂窝技术，如2G的GPRS、EDGE以及3G的WCDMA、CDMA2000等。下面我们就来看一下基于蜂窝移动通信的GPRS技术和基于局域网的无线接入技术。关于3G网络的接入方式，我们已经在“二　走进移动通信世界”有详细讲述，就不再赘述了。

基于移动蜂窝的接入技术——GPRS

移动蜂窝互联网接入技术从基于第一代模拟蜂窝AMPS系统的CDPD技术发展到基于第二代数字蜂窝系统的GSM和GPRS，以及在此基础上发展的EDGE技术。

GPRS充分利用现有的GSM的基础设施，并在此基础之上提供

最好的互联网接入。GSM 系统采用时分多址的方式，利用电路交换提供语音和数据业务。GPRS 从两方面对 GSM 系统进行有效的改进：一是在空中接口中将一个用户在一帧只能使用一个时隙改为一个用户在一帧可使用多个时隙，以提高 GPRS 接入速率，最高速率可达 160 千比特 / 秒；二是在 GSM 网络中加入了一个分组交换的承载网络。

GPRS 网络接入功能主要有以下几个方面：第一，就是位置登记功能，该功能是指把用户的 ID、在 PLMN 中的位置联系和用户的分组数据协议以及对外部分组数据网络的接入点联系起来。这种联系可以作为静态形式存贮在归属位置寄存中，或者是根据需要动态分配。第二，是鉴权和授权功能，对特定用户的申请进行鉴权和向用户授予使用某种特定网络服务的权利。第三，是许可控制功能，许可控制功能根据用户所申请的无线资源，决定是否分配无线资源，用于估计小区的无线资源需求。第四，是消息屏蔽功能，消息屏蔽功能通过包过滤功能将未被授权的和多余的消息滤除。在GPRS的第一阶段，支持网络控制的和预约的消息屏蔽功能；第二阶段，将支持用户控制的消息屏蔽功能。

有线局域网是日常办公环境下最普遍的接入方式，为了解决布线的麻烦和提供移动的方便，IEEE组织推出了802.11的无线局域网标准，工作频率是2.4吉赫，其无线接入后的速率可达1~2兆比特/秒，其室内环境下的通信距离可达100米，如果采用定向高增益天线可达10~20千米。为了进一步达到与有线网络相匹配的传输速率，IEEE组织对802.11的无线局域网标准进行了高速扩展，高速扩展有两个版本：一是IEEE802.11b工作在2.4吉赫频段，采用补码键控调制，传输速率为5.5~11兆比特/秒；二是IEEE802.11a工作在5吉赫频段，采用正交频分复用技术调制，传输速率为6~54兆比特/秒。

利用无线局域网组成的支持移动IP网络。它使用常规的局域网（如10、100、1 000兆比特/秒以太网）及其互联设备（路由器）构成骨干支撑网，利用无线接入点和无线接入服务器来支持像手机等各种移动终端的移动和漫游。无线接入服务器的作用是提供无线终端的接入管理和移动性管理服务。在无线接入服务器控制的范围内可支持多个小区。无线接入点的作用是完成无线局域网和局域网之间的桥接，实现无线空中接口协议到LAN协议的转换，并管理小区内的移动用户。为了实现移动 IP 功能，在无线接入服务器中运行移动 IP 服务器软件与在移动终端上运行移动 IP 客户端软件就可以实现。

为了支持在个人终端设备之间的相互联系和操作，并且提供一个简单而低功耗的无线连接的标准，IEEE 组织制定了无线个人区域网 802.15 标准。这些设备包括人们使用的便携计算机、蜂窝电话、PDA、手持式电脑、麦克风、扬声器、头戴设备、条码阅读器、传感器、显示器、寻呼机等，该标准是基于工业标准——蓝牙。蓝牙使我们的所有个人设备之间的连接都变为无线。

让网络“动”起来

在传统网络技术中，主机使用固定的 IP 地址和 TCP（传输控制协议）端口进行相互通信。在通信期间，它们的 IP 地址和

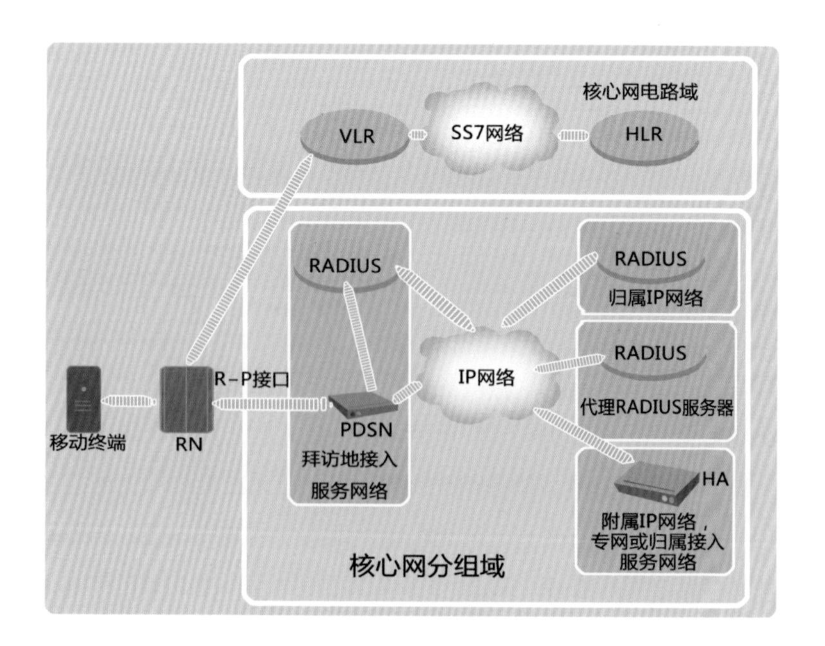

TCP 端口号必须保持不变，否则 IP 主机之间的通信将无法继续。而移动 IP 主机在通信期间可能需要在网络上移动，它的 IP 地址也许会经常发生变化。若采用传统方式，IP 地址的变化会导致通信中断。如何在 IP 地址不断变化的情况下实现不间断的移动通信？

为了解决这一问题，移动 IP 技术引用了处理蜂窝移动电话呼叫的原理，使移动节点采用固定不变的 IP 地址，一次登录即可实现在任意位置上保持与 IP 主机的单一链路层连接，使通信持续进行。此外，移动 IP 是一种在全球互联网上提供移动功能的方案，使节点在切换链路时仍可保持正在进行的通信。它提供了一种 IP 路由机制，使移动节点以一个永久的 IP 地址连接到任何链路上。与特定主机路由技术和数据链路层方案不同，移动 IP 还可以解决安全性、可靠性的问题，并与传输媒介无关。

移动 IP 允许移动节点在不重新启动、不中断任何进行中的通信的前提下，同时移动自己的位置，使移动对于用户来说，是完全透明的。用户可以使用固定的 IP 地址在不同的网段之间漫游，而避免受到更改 IP 及通信中断的困扰。对于一个移动 IP 节点，需要具有两个 IP 代理服务器，第一个地址称为“家”代理，这是用来识别端到端连接的静态地址，也是移动节点与归属网连接时使用的地址。不管移动节点连接网络何处，其归属地址保持不变。第二个地址是外代理。转交地址就是隧道终点地址。它可能是外区代理转交地址，也可能是驻留本地的转交地址。

移动节点必须将其位置信息向其归属代理进行登记，以便被找到。在移动 IP 技术中，按不同的网络连接方式，有两种不同的登记规程。一种是直接向“家”代理进行登记，即移动节点向其归属代理发送登记请求，“家”代理处理后向移动节点发送登记答复。另一种是通过外代理，即移动节点向外区代理发送登记请求，外区代理接收并处理登记请求，然后将请求中继到移动节点的家代理；“家”代理处理完登记请求后向外区代理发送登记答复，外代理处理登记答复报文，并将其转发到移动节点。

移动 IP 是一种在全球互联网上提供移动功能的方案，它提供了一种特殊的 IP 路由机制，使移动节点可以一个永久的 IP 地址连接到任何链路上。事实上，移动 IP 可以看作是一个路由协议，只是与其他互联网路由协议相比，它可以将数据包路由到可能一直在快速地改变位置的移动节点上。

简单地解释，移动 IP 是一种计算机网络通信协议，它能够保证计算机在移动过程中在不改变现有网络 IP 地址、不中断正在进行的网络通信及不中断正在执行的网络应用的情况下实现对网络的不间断访问。

移动 IP 产品可以使用户更方便、更灵活地访问互联网资源，同时它使用户对互联网的访问空间大大扩展，可作为移动增值软件用于笔记本电脑、手持电脑以及路由器的移动模块等。

3 物联网时代的移动互联网

万物互联、网罗天下的物联网与移动互联网

自从 IBM 公司提出智慧地球的概念以来，物联网已经成为当

下最热的名词。作为新时代技术革命的产物，物联网使物品和服务的功能都发生了质的飞跃。物物连接需要信息高速公路的建立，移动互联网的高速发展以及光纤网络的普及是物联网海量信息传输交互的基础，移动互联网时代的到来，为物联网时代的发展奠定了基础。

国际电联在 2005 年发布了一份报告，描绘物联网时代的移动互联网，汽车会自动报警来提示司机出现错误操作、公文包

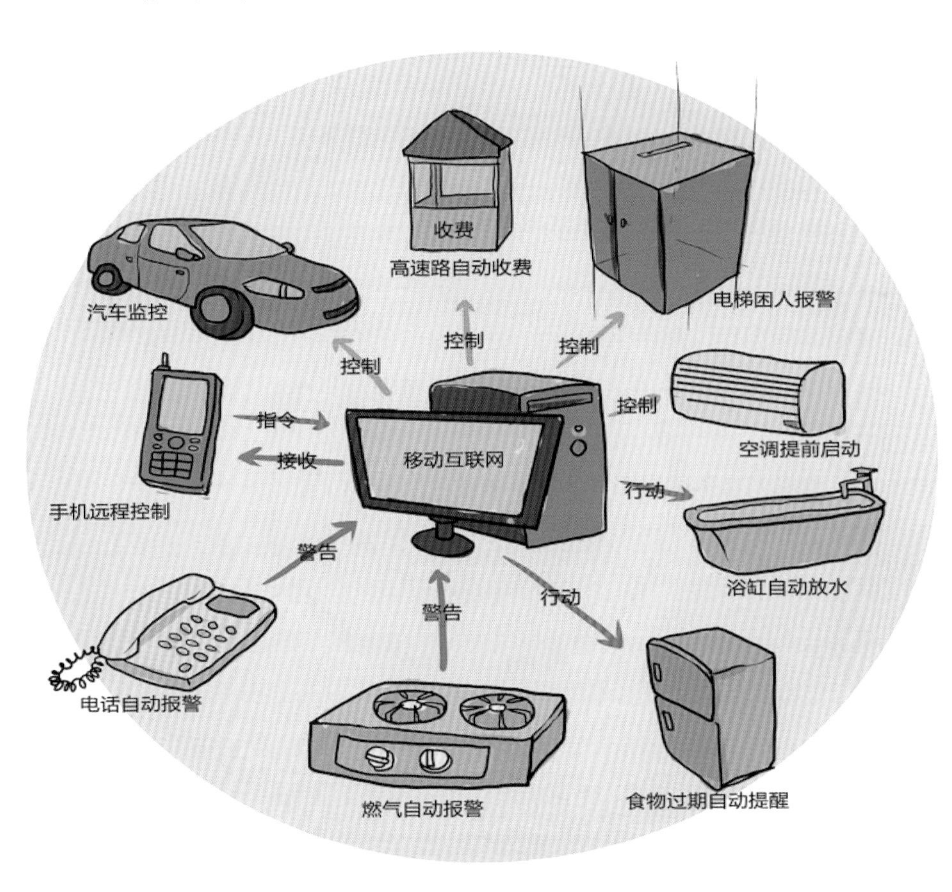

会提醒主人需要带什么东西、衣服会告诉洗衣机水温和颜色的要求……

一曲轻松愉快的起床歌把家住在广州的小杨从床上唤起来，然后窗帘自动打开，窗外的阳光照亮整个卧室，小杨完成刷牙洗脸，早餐已经在智能化的设置中做好，小杨吃着早餐，电视机自动开启，自动调到预定的新闻频道。等小杨吃完早餐，带上公文包出门，公文包会提醒小杨缺了什么东西，家里也会自动断开不需要的电源，不用担心灯没关，门也会自动上锁。这是移动互联网时代的新生活。

实现物物连接之后，可以大幅度提高生活效率、节约生活成本、减小损耗、自动提醒等，从而可以极大地提高经济效益。物联网的发展，也是以移动技术为代表的泛在网络发展，带动的不仅仅是技术进步，而且还是知识社会环境下的创新特征。开放创新、共同创新、大众创新、用户创新成为新目标，技术更加展现其以人为本的一面，以人为本的创新随着物联网技术的发展成为现实。

随着互联网的普及，很多人都有这个想法，既然网络能够成为人际间沟通的无所不能的工具，为什么我们不能将网络作为物体与物体沟通的工具，人与物体沟通的工具，乃至人与自然沟通的工具？

物联网是“万物互联”的，具有物体感知、信息传送、智能处理特征的连接物理世界的网络，实现了任何时间、任何地点及任何物体的连接，帮助人类实现自然社会与物理世界的无缝连接，使人类可以更加精细和动态的方式管理生产和规划生活，从而提

高整个社会的信息化能力。物联网是一个以传感网为基础的全球网络设施，其中物联网的“物”和移动互联网的“物”具有身份标识、物体属性、虚拟属性和智能接口，与整个物联网联合起来，构成未来互联网。

兼收并蓄、合二为一的物联网与移动互联网

我们展望物联网和移动互联网的未来发展，并且通过计算机互联网实现物品（商品）的自动识别和信息的互联与共享。可以说，

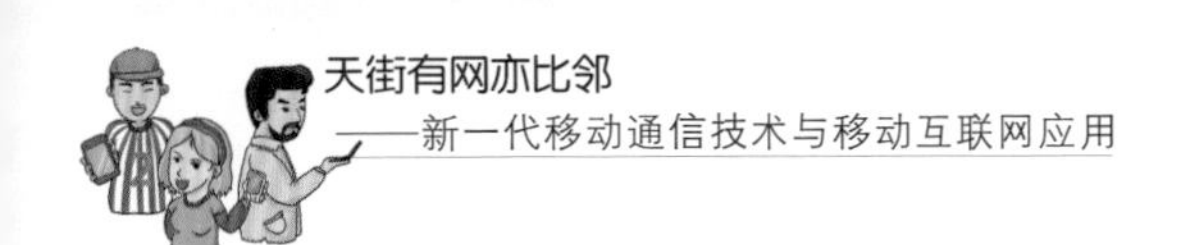

物联网描绘的是充满智能化的世界。在物联网的世界里，物物相连、天罗地网。

物联网的发展，将把我们的生活拟人化，把万物和人类直接联系起来。物联网把新一代互联网技术通过传感网充分运用在各行各业之中，具体来说，就是把传感器嵌入到手机、自动校方装置、烟雾报警器、环境污染监测、智能交通监测等各种物体中，囊括我们的全部生活，然后将物联网与现有的互联网整合起来，实现人类社会与物理系统的整合，在这个整合的网络当中，只需要一台能够支持海量数据传输和计算的超级计算机，就能够对物物连接网络内的人员、机器、设备和基础设施实施实时的管理和控制，在此基础上，人类可以以更加精细和动态的方式管理自己的生产和生活，达到“智慧”状态，进而提高资源利用率和生产力水平，改善人与自然的关系。

“智慧时代”来临，移动互联网和物联网完成融合，人们的日常生活将发生翻天覆地的变化。但这个过程可能需要很长的时间，物联网在实际应用上的开展需要各行各业的参与，并且需要国家政府的主导以及相关法规政策上的扶助，移动互联网业需要进一步发展，等到这些都发展成熟，那么移动互联网和物联网的发展将势不可挡。

四　精彩纷呈的移动通信

相信大家小时候都看过机器猫吧，那时候我们是多么羡慕大雄啊，他的小小机器猫竟然可以装下这么多东西，如果自己也有个机器猫，那就真的可以要什么有什么。等我们长大了一点，脱离了童稚，我们知道那只是动画片而已，现实世界怎么可能有那样神奇的玩意呢。但是，到了现在，随着科学技术的发展，我们的手机越来越炫，功能越来越强大丰富，从打电话、发短信、听歌、看电影、购物，到乘车、身份识别、路线导航等，所有功能都一应俱全。如果说到未来，我们要出远门而且只允许带一样东西的话，我会毫不犹豫地选择手机。对，只需要带上手机就真的可以要什么有什么。手机将会成为我们现实生活的机器猫。

千里传音——语音通信

语音通信是人与人之间最重要的沟通方式之一，而远距离进行语音交流，更是我们人类一直以来的梦想。在古代，中国就有

千里传音的传说：武林高手练成千里传音神功，只需气运丹田，动用内功，便可话传千里，无比犀利拉风。也许当年的武林高手也想不到，从 1860 年美国人安东尼奥 · 穆齐发明了电话，到现在每家每户都拥有至少一台现代电话，通过它们，千里传音早已从不传之秘变成普通寻常的东西。从发明至今，电话已经历了一百多年的发展，上页图展示了电话演变过程中的几种经典电话终端。

我们日常生活中所说的电话都是默认指电话终端，而只有电话终端的电话系统是肯定不能进行通话的，电话与电话之间必须接入网络并连接起来才能通信。这个网络就叫公共交换电话网，也叫 PSTN 网络。下图显示的是一个完整的电话系统。

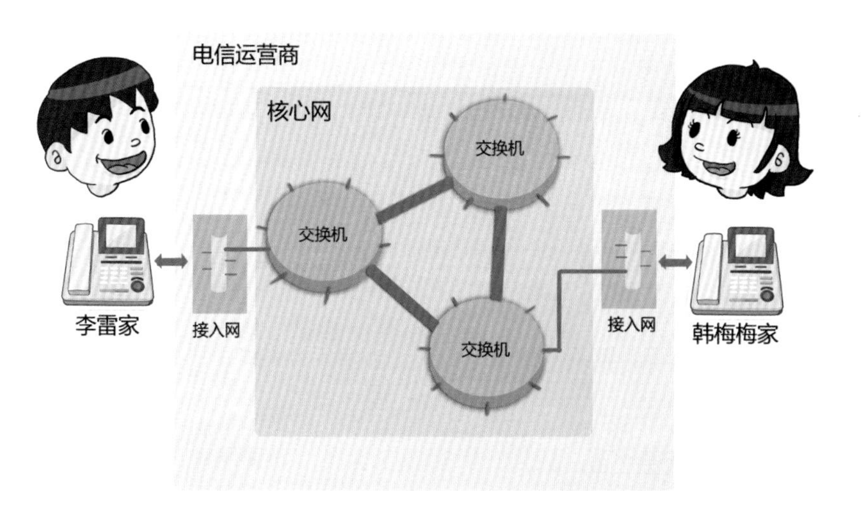

周末快结束了，还没做英语作业的李雷想打电话和韩梅梅讨论英语作业，那么他必须要拨通韩梅梅家的电话。为了保证他们能拨打和接电话，他们的电话终端都需要通过接入网接入到电话

网中，图中蓝色部分就是接入网。在现实生活中，你可能会注意你所住的小区里面有一个绿色的大铁箱或者铁屋子，上面标志着“中国电信”，那就是电话的接入设备，它负责整个小区的所有电话的接入。如果它坏了，那么整个小区就打不通电话了。图中绿色部分是核心网络，它负责将李雷家的信号引入到韩梅梅家。核心网虽然只承担着给信号带路的功能，但因为全国在同一时间有很多人打电话，所以它是一个非常复杂的系统。接入网和核心网都交由电信运营商管理，我国目前主要的电信运营商有中国电信、中国移动、中国联通。

那么把整个电话网络示意图串起来，我们就可以知道平时打电话是怎么一回事了。首先李雷把声音通过电话终端的话筒转换为电信号，然后电信号通过电话线传到小区里面的接入设备中，接入设备将根据所拨号码通过核心网络一步一步地转到韩梅梅的电话里，最后韩梅梅电话的听筒把电信号重新转成声音，她就听到李雷的声音了。另外，因为电话是双向通信的，韩梅梅在听李雷讲述英语问题的同时，可以把英语答案告诉李雷听。以上就是一次语音通信的完整过程。

说到电话，就不得不提手机了。由于手机方便、灵巧的优点，现在越来越多的人用手机取代电话进行语音通信了。它的通话原理和电话的差不多，只是它不需要电话线，而是依靠无线电波进行传输。手机的使用不受地域的限制，我们可以在任何有信号覆盖的地方接打电话。

欲寄彩笺兼尺素——短信文本

短信文本 ——作为手机的一大重要功能，但凡用过手机的人都或多或少地接收、发送过短信。短信又被称作 SMS (short message service)，正规定义是用户通过手机或者其他电信终端直接发送或接收的文字或者数字信息。从这里我们可以看到，手机的短信功能传输的不是语音信息，而是文本信息。虽说无论语音还是文本，它们的通信原理都是一样的，但是因为传输短信所需要的带宽资源要远远比打电话所需的小，同时短信不需要做到实时传输，对传输时效性要求不高，所以短信资费往往比语音通信来的便宜。有一种说法是说芬兰人发明了手机短信，因为他们表达感情比较含蓄，不喜欢把事情明着说，于是就突发奇想地发明了短信来解决问题。作为一种含蓄的表达方式，你可知道一条含蓄的短信最多能够装载多少汉字、英文字母和数字呢？感兴趣的读者可以去了解了解。

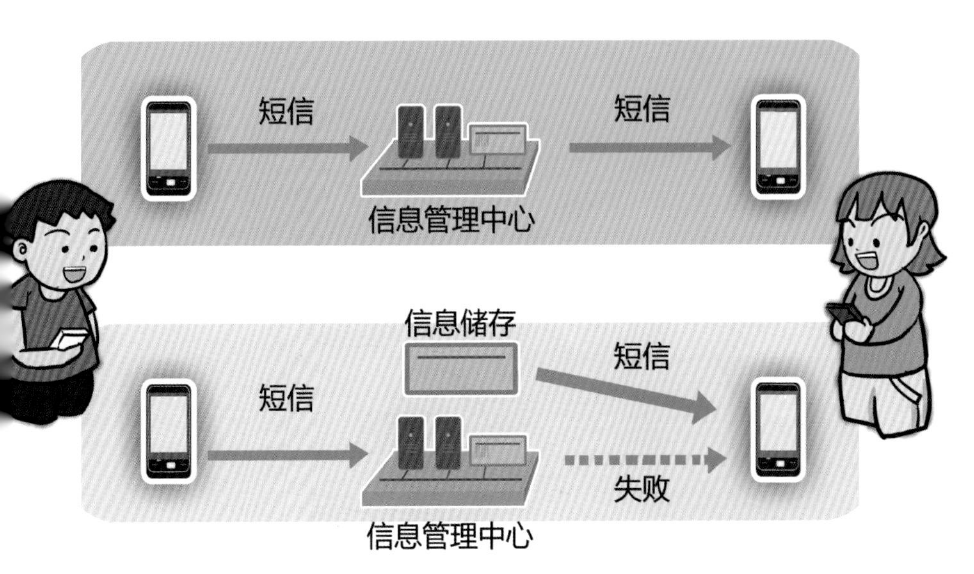

发送短信的过程如上页图所示。如果接受方手机是开着的，那么编辑好的短信首先被发送到运营商的信息管理中心，然后由运营商把信息转发给对方手机。那么如果接收方手机关机了要怎么办呢？因为短信没有实时要求，在接收方处于关机的情况下，短信会被暂存在信息管理中心的服务器中，直到接收方开机，短

信就会被推送到他的手机上。也许你会有一个疑问，信息管理中心是如何知道用户手机开机的呢？其实，我们的手机开机之后都会主动地向基站上报，告诉它我们开机啦。

基于短信功能的业务非常丰富，有诸如短信互动、天气预报、路况信息、短信订阅书刊、新闻等，可以说短信业务方便了人们不少生活。然而随着智能手机的兴起，手机应用的爆发式增长，一些通信软件的流行，使用短信的人逐渐变少，短信业务的重要性也逐渐弱化。腾讯公司的手机 QQ 和微信、新浪公司的微博、小米公司的米聊等手机软件的兴起和火热就是典型的例子。短信会不会跟不上历史潮流，退出舞台呢？这个很难说，但是电信运营商至少会通过降价来延缓衰退趋势，否则短信服务真的就会被大众所抛弃。

2　移动通信新兴应用

随着 3G 网络的普及、4G 网络的到来以及智能手机的不断发展，我们的手机生活变得越来越丰富多彩。现在，手机几乎可以和电脑一比高下了，在手机上编程和在电脑上编程并没有太大的区别。手机上的应用也叫手机 APP，它给我们的生活带来了极大的便利。随着手机的广泛使用，手机应用的大量需求和手机应用开发技术的不断成熟，手机应用呈现井喷式飞速发展。本节主要从社交、支付以及其他方面把让我们乐在其中的手机用途给读者一一道来。

面具下的交流——移动社交

移动社交，指用户通过手机等移动端载体，以在线识别和信息交换技术为基础，通过移动网络实现社交应用的功能。听起来很玄乎吧？其实移动社交离我们很近，我们也很熟悉它。例如，我们平时用手机 QQ 或者微信和朋友聊天，通过手机刷微博，通过摇一摇认识身边的陌生人等，这些就是我们在进行移动社交啊。

对移动社交进行划分，可以把它分为新型移动社交和传统移动社交两种类型。对比传统移动社交，新型移动社交对硬件配置、网络等的要求较高，需要计算能力强、功能丰富的终端和传输力强的网络。而正是由于硬件等方面的支持，新型移动社交的交互内容涵盖有文字、图片、语音、视频，而传统移动社交应用交流基本上只有文字。举个例子，传统移动社交，如飞信和手机 QQ 等，交流内容主要以文字为主，满足了最基本的通信要求；而随着通信技术和移动网络发展，出现的新型移动社交，如微信、米聊等，则可以传输文字、图片、语音和视频。

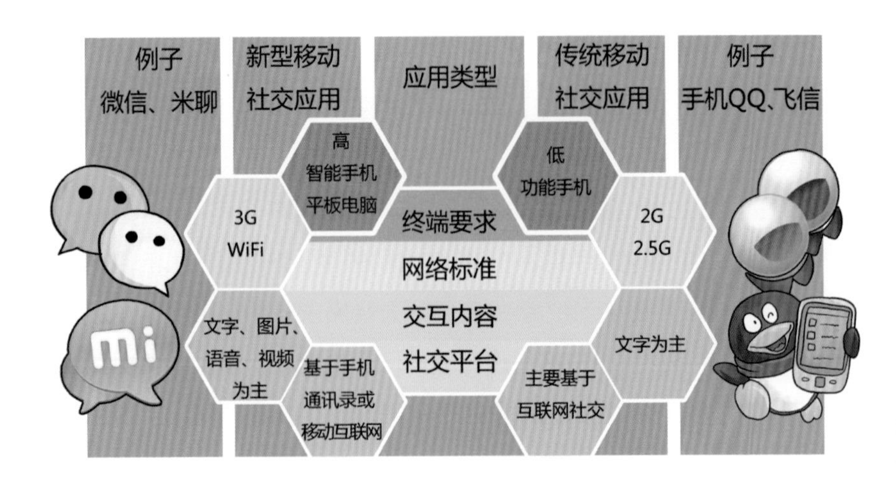

上页图反映了传统移动社交和新型移动社交的使用对个人人际关系影响的差异。总体而言，传统移动社交在基于互联网的基础上，偏向于维持熟人之间的关系；而新型移动社交应用引入了手机通讯录加强自己与熟人联系的同时，更倾向于丰富生活，认识新的朋友。新型移动社交的出现，使移动社交从以往的满足基础交流，向结交朋友、丰富生活方向发展而改变。总体来说，新型移动社交在继承传统移动社交的便捷、实时的基础上，变得更为丰富多彩。

下面介绍几款经典移动社交软件。

飞信是中国移动推出的综合通信服务，它融合语音、GPRS、短信等多种通信方式。飞信可以安装在电脑上，也可以安装在手机上，这两者都可实现相互通信。它是电信运营商推出的传统社交软件，主要是以通信为核心，同时也能够享受中国移动提供的一些低免费服务，例如免费发短信。

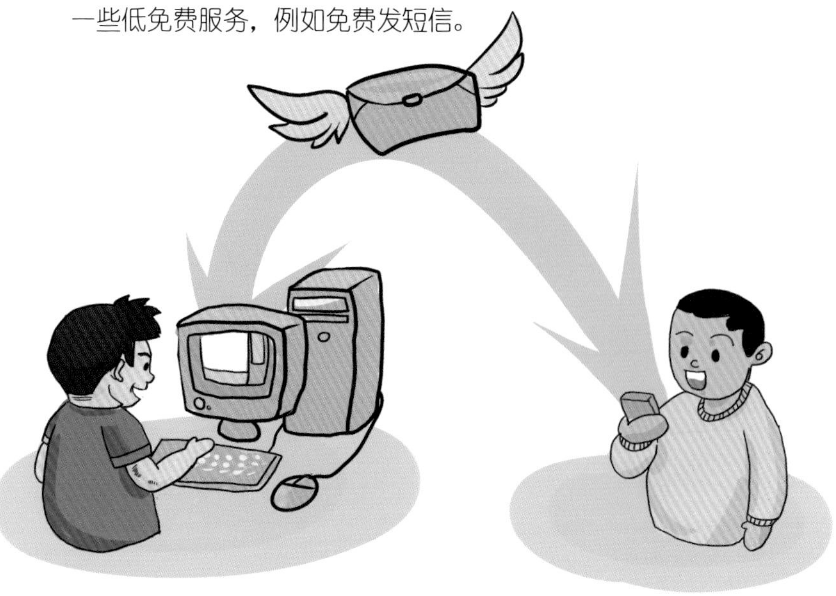

手机 QQ 是腾讯公司推出的手机版 QQ 聊天工具。腾讯公司推出的手机 QQ 不仅能够在绝大多数手机上运行，而且也能够保持很好的用户体验。从比较低端的功能手机到高端的智能手机，都有不同版本的手机 QQ 与之对应。手机 QQ 和飞信不同的是，手机 QQ 的数据完全靠流量，所以需要开通 GPRS 或者 3G 网络套餐，但是和短信相比，这种流量是相对便宜的。新版的手机 QQ 推出了多终端登入、语音视频、附近的人交友、消息后台推送等。

微信属于新兴的移动社交软件。它是腾讯公司在 2011 年推出的一款通过网络快速发送语音短信、视频、图片和文字，支持多人群聊的手机聊天软件。微信的使用有些像短信和彩信，它并不是耗费用户的短信资费，而是仅需要少量的网络流量。微信语音很像对讲机，受到广大年轻用户的青睐。目前，微信已经不再是单纯的聊天工具了，它成为一个开放的移动平台，现在已经支持微博、QQ 邮箱、漂流瓶、语音记事本、QQ 同步助手、二维码等插件功能。微信还有一个特点就是朋友圈，通过朋友认识朋友，微信还支持结交附近的人，以及通过摇一摇来认识陌生人。

微博，目前国内比较流行的微博有新浪微博、腾讯微博等。

微博提供了一个进行信息分享、获取和传播的平台，用户可以通过手机、网页等客户端进行平台登录来使用微博。作为一个新兴的移动社交网络，微博特色是只支持用户用最多 140 字进行信息更新、实时共享。同时微博用户发送

的信息是广播的、公开的，任何人都可以浏览。另外，微博也提供关注功能，让用户单向或双向地进行关注，一个用户更新的信息可以让关注他的人立刻看到。微博的兴起，彻底改变了传统的新闻传播体系，让大众引来了“自媒体”时代，给广大百姓提供了一个发出自己声音的平台。微博并非国内首创，最早的微博是美国的 Twitter。国内除了最热的新浪微博外，腾讯微博和搜狐微博也做得很不错。

“亲，给好评哟！”——移动支付

在远古时代，人类用大米换麦子，后来人类学会了用贝壳来换所有的东西，发展到后面就有了铜钱、硬币、纸币、银行卡、信用卡等。正当我们想象着下一种新的付费方式的时候，手机支付应用出现了，它竟然可以帮我们买东西！这就是移动支付。移动支付的正式定义是允许移动用户使用其终端（通常是手机）对所消费的商品或者服务进行账务支付的一种方式，它是继卡支付和网络支付后的新宠。

举一个移动支付的例子吧。李雷打算约韩梅梅去看电影，他通过一间电影院线 APP 查看近期上映的电影。“最近上映的一部《北京遇到西雅图》的爱情喜剧电影貌似很适合两个人一起看哦！决定了，就是这部！”，李雷很欣喜地发现了这部电影，他订好了场次、选好了座位，然后通过支付宝手机客户端支付了电影票费用，成功拿到了电影票的电子码。明天，他就能和韩梅梅直接去看电影，而不用提前去电影院苦苦地排队了。毫无疑问，移动支付会给我们的生活带来很大便利，并且可以预见，移动支付将会是未来人们主要的支付方式。

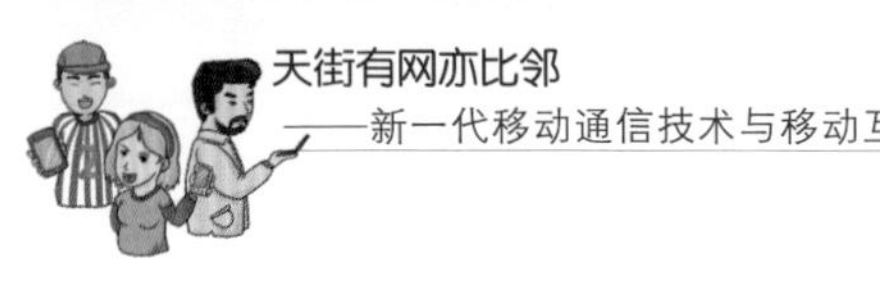

移动支付主要有3种方式：话费支付、绑定银行付费、无绑定移动支付。话费支付是在消费中用手机话费进行记账，等以后再作支付；绑定银行付费是用户把一个手机号与银行账号绑定，在消费时通过手机从相应的银行账号扣费；无绑定移动支付，你可以用手机通过使用银联卡等方式进行付费。

目前，第3种支付方式使用最广泛。它还可以被继续细分为两类：一类是各种银行推出的手机银行服务；另一类是三方的支付平台，诸如支付宝、财付通等。手机银行支付是针对银行业务开发出来的，专业性更强。但由于银行和银行之间存在着竞争关系，手机银行一般不兼容其他银行，不能在所有的购物场进行支付，限制了手机银行的使用范围。与之相反，对于三方支付平台，像支付宝和财付通等，在聚合了大多数银行资源和商户资源的同时，应用范围广，安全简便，简单易用。

支付宝是国内最为著名和常用的支付平台。支付宝手机客户端，是支付宝官方推出的集移动支付和生活应用为一体

的手机软件，通过加密传输、手机认证等安全保障体系，让您随时随地使用淘宝交易付款、手机充值、转账、信用卡还款、买彩票及水、电、煤缴费等功能。

随着移动支付的推广和使用，过去一些用途不广的技术也获得了新生，这其中就包括二维码技术。二维码，加上手机支付，就形成了一种新的购物方式——手机二维码购物。

什么是二维码，什么是手机二维码购物呢？二维码就是按照一定的规律把一段信息（商品资料、网站网址等），编码排布而成的二维图像，如下页图所示，就是一个典型的二维码了。当这些图像被手机的二维码扫描仪软件扫描后，就会被翻译解码成相对应的信息资料了。而

TAX

手机二维码购物，则是商家把商品信息、购买网站等编码成二维码，并把它当作广告信息发布出去。当它被用户手机扫描读取后，用户手机就可以立刻获取商品资料，并跳转到对应的商品购买页面，用户就可以根据自己的需要和商品信息对商品进行购买，并用手机支付费用。

在订完电影票当晚，李雷在大街上看到街上印有二维码的自助餐广告。他用手机扫描了二维码，发现自助餐的价位还行，时间是明晚也合适。于是他就在手机上付费，预定了两个人的位置，然后他就可以和韩梅梅在明天看电影前一起享用晚餐了。二维码手机支付使我们的生活变得多么的轻松，多么的便捷啊！可以预见，手机二维码购物将成为未来消费方式的重要一环。

通过手机服务可以参加团购、旅游、餐饮等消费活动。例如通过移动支付可以购买电影票，然后去电影院看电影；可以预定餐位；可以通过大众点评，点评哪家店的菜好不好吃；可以参加

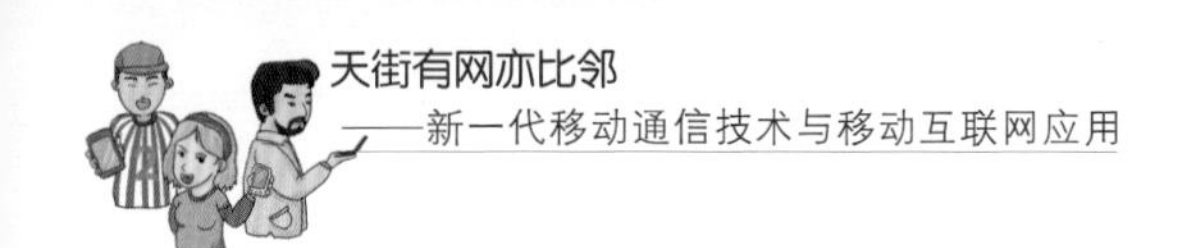

团购衣服、团购旅游等。手机技术、服务的发展，将会彻底改变我们的生活方式，让我们的生活变得更方便、更美好。

3 新型实用的搜索定位服务

画地成图——全球定位服务

在很久以前，人的活动范围特别小，要去一个不熟悉的地方，人们只要通过问路就足以应付。后来地理勘测技术发展，人们学会了绘制地图，我们到城市的火车站就可以看到一群大叔大妈在吆喝着卖地图。再后来，听说这些卖地图的很多消失了，为什么？因为我们的手机可以安装地图软件，我们可以随时随地地查阅，而且功能更多、更方便、更实惠。

手机在手，走遍天下都不怕，这些得归功于定位服务。GPS 全球定位系统是美国国防部为满足军事部门对海上、陆地和空中进行高精度导航和定位要求而建立的。系统开始建于 1973 年，1994 年全部建成，具有全球性、全天候、连续的三维导航和定位能力，以及良好的抗干扰性和保密性。GPS 定位技术的高度自动化及其所达到的高精度和具有的巨大潜力，为测绘行业带来了巨大的变革。十几年来，由于理论研究、新应用领域的拓展，软件、硬件开发等方面的快速发展，已使 GPS 定位技术广泛渗透到经济建设的各个领域，尤其是对测绘学的各个方面都产生了极其深远的影响。理论与实践表明，GPS 全球定位系统具有如下一些特点：

特点	内容
用途广泛	用 GPS 信号可以进行海空导航、车辆引行、导弹制导、精密定位、动态观测、设备安装、传递时间、速度测量等
自动化程度高	GPS 卫星定位技术减少了野外作业的时间和强度
观测速度快	用 GPS 接收机作静态相对定位（边长小于 15 千米）时，采集数据的时间可缩短到 1 小时左右，两台仪器每天正常作业可测 4 条边。随着定位软件和观测方法的改进，观测速度也在不断地提高
定位精度高	现已完成的大量实验表明，小于 50 千米的基线，其相对定位精度可达 1×10^{-6}~2×10^{-6}，而在 100~500 千米的基线上定位精度可达 10^{-6}~10^{-7}。随着观测技术和数据处理方法的改善，精度还会不断提高。目前短基线观测，精度可达毫米级
全天候作业	GPS 观测工作，可以在任何地点、任何时间连续地进行，一般不受天气状况的影响

说起 GPS，就不得不提我们国家的“北斗”卫星导航系统。“北斗”卫星导航系统是中国自主建设、独立运行，并与世界其他卫星导航系统兼容共用的全球卫星导航系统。“北斗”卫星导航系统由空间星座、地面控制和用户终端三大部分组成。空间星座部分由 5 颗地球静止轨道卫星和 30 颗非地球静止轨道卫星组成。非地球静止轨道卫星由 27 颗中圆地球轨道卫星和 3 颗倾斜地球同步轨

道卫星组成。地面控制部分由若干主控站、注入站和监测站组成。主控站主要任务是收集各个监测站的观测数据进行数据处理，生成卫星导航电文、广域差分信息和完好性信息，完成任务规划与调度，实现系统运行控制与管理等；注入站主要任务是在主控站的统一调度下，完成卫星导航电文、广域差分信息和完好性信息注入，以及有效载荷的控制管理；监测站对导航卫星进行连续跟踪监测，接收导航信号发送给主控站，为卫星轨道确定和时间同步提供观测数据。用户终端部分由各类“北斗”用户终端，以及与其他卫星导航系统兼容的终端组成，能够满足不同领域和行业的应用需求。“北斗”卫星导航系统建成后，将为全球用户提供卫星定位、导航和授时服务。

基站定位也是一种方便可行的定位方法。基站定位一般应用于手机用户，它是通过电信移动运营商的网络（如GSM网）获取移动终端用户的位置信息（经纬度坐标），在电子地图平台的支持下，为用户提供相应服务的一种增值业务，例如目前中国移动动感地带提供的动感位置查询服务等。其大致原理为：移动电话测量不同基站的下行导频信号，得到不同基站的下行导频的到达时刻，根据该测量结果并结合基站的坐标，一般采用三角公式估计算法，就能够计算出移动电话的位置。实际的位置估计算法需要考虑多基站（3 个或 3 个以上）定位的情况，因此算法要复杂很多。一般而言，移动台测量的基站数目越多，测量精度越高，定位性能改善越明显。

在指尖跳动——移动搜索

读者都用过手机上过百度，搜过你想要的东西，比如网站、电子书、图片等。我们国内的网民一般都用百度搜索引擎。不知道的东西，百度一下，你就知道了。那么什么是搜索引擎呢？搜索引擎里面究竟是什么样子的呢？

其实，搜索引擎的功能就是一个上网的入口，而且是一个非常方便的入口。在计算机刚出现的时候，它们都是独立一台一台的，没有连起来。后来，人们用网线把它们都连起来了，并给它们编号，这个编号就是 IP 地址。可是人们发现记住对方的 IP 地址是非常痛苦的一件事情，所以我们又发明了域名。例如百度的 IP 地址相信没有读者能够直接道出，但是 www.baidu.com 大家却都知道。域名确实是方便了不少，可是当网站多的时候，你要完全的记住那么多域名，也是一件不容易的事情，这个时候人们又进化了，于是发明了搜索引擎。

鉴于国内排名第一的搜索引擎是百度搜索，所以我们就以百度搜索引擎来说明搜索的机理。如下页图所示，在用户看来只需要敲入一个关键字，百度就会返回相应的结果，就可以导向相应的网站。而在这个“百度一下，你就知道”的后面，有着许许多多的百度服务器在运转着：首先百度会制作一个网站目录，然后放蜘蛛去这些网站抓取内容，图里面的那个蜘蛛就是去各个网站抓取内容的，这个蜘蛛我们可以简单地认为是一个下载器。蜘蛛抓取到内容后放入百度的分析存储器里面，再供分析器不断的分析其抓取的内容。这个分析的过程很复杂，它包含预处理、中文分词、倒排索引、排序等技术。最后把分析的结果发布给对外服务器。当用户发起请求搜索时，就返回相应的结果。不过百度可不是一个完全客观按网站的影响力来排名的，百度要收入，就需要广告。所以，如果你付钱，百度就可以把你的网站优先推荐给用户，这也是百度广告的机理。

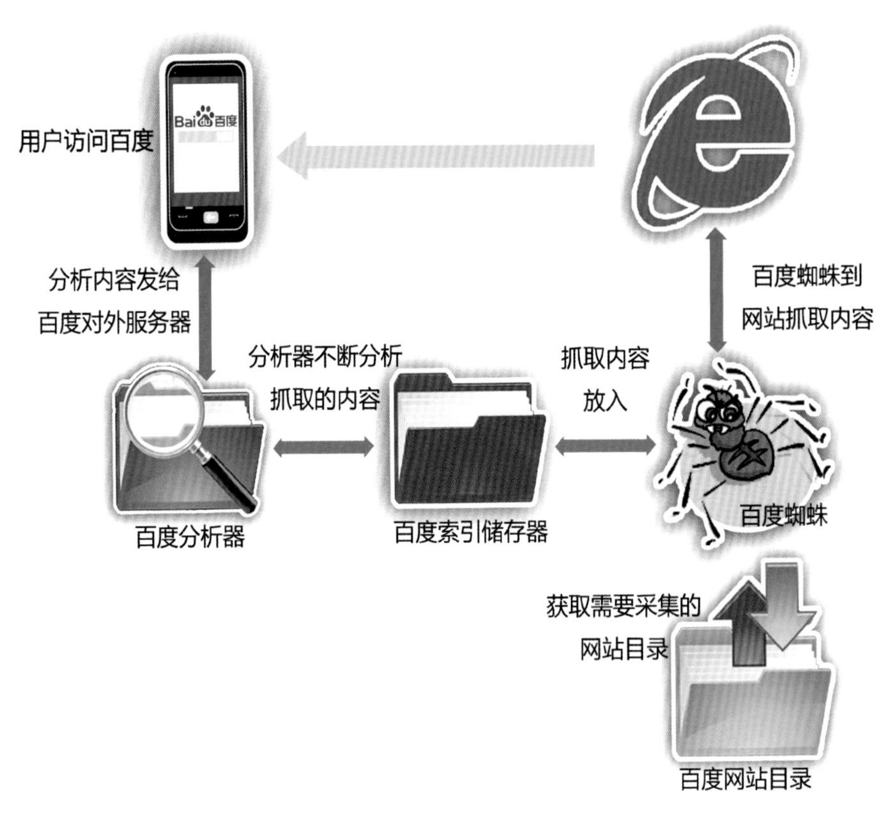

很多人会觉得移动搜索和电脑桌面搜索的结果是一致的，实际上只限于特定的网络关键词，而到移动终端，很少有用户会搜索如 SEO、网站推广优化之类的词语，移动用户更多的是搜索能解决身边的问题，比如小吃店、旅游景点、公交路线等。

随着智能手机的普及，移动搜索量越来越大，通过查阅资料证明，很多人可能觉得手机搜索和桌面搜索区别不大，我们通过百度移动搜索和桌面搜索来搜索常用词语，百度移动搜索和桌面搜索完全一致，唯一不同的是显示版本有手机版和桌面版之分，也就是手机搜索网页，WAP 版的网页更靠前。

然而，当我们搜索旅游景点时，却出现了截然不同的情景，百度移动搜索在第一的位置给了同程网的广告，用一个大大的提示框告诉了它的电话，而桌面版的百度搜索是根据 IP 判断出所处的位置，也就是广州，给出了相应的网站推广地域显示结果，搜索结果中给出了大量“广州旅游景点”的介绍。

移动用户的搜索行为现在终于明白了，随着手势搜索、语音搜索和其他移动搜索模式，移动用户基本用不着去百度主页输入信息。

移动搜索和桌面搜索的区别在于移动搜索的排名算法非常混乱，移动搜索更容易搜出本地的搜索结果，但目前还不能按照品牌和商店进行过滤搜索，因为绝大多数人用手机搜索兴趣点在本地信息上。

移动搜索用户与桌面搜索用户相比，对搜索结果的关注度较高，但由于屏幕所限，很少有用户使用下拉条，在移动搜索结果上排名第一与第四之间的点击率可能下降 90% 以上。

移动搜索结果很少使用过滤，搜索引擎会记录你的习惯，给出定制的搜索结果并展示其结果，点击率和跳出率是决定移动搜索结果排名的一个关键因素。

移动搜索很少使用关键词，用户所处的“地点”是关键，而桌面搜索就宽泛得多，内容是通用的，地点也不是那么重要，因此，如果你要优化自己的手机网站推广，做地区优化是必不可少的。

到目前为止，移动搜索和桌面搜索的区别并不大，但随着搜索引擎不断调整移动搜索结果，以适应用户的移动环境，同时为了对抗潜在的竞争者，桌面搜索和移动搜索的差异会越来越大。

4 把办公室装进口袋的移动办公

移动办公的基础

近几年来，随着智能终端、3G移动网络的快速发展和普及，移动互联网的应用呈现了爆炸似的增长。对于政府和企业客户来说，如何利用移动互联技术提高内部办公效率、提升对外服务水平成为新的难题，很多政府部门及大型企业在移动互联网时代提出了新的办公需求，即在各类移动终端上使用原来只有在内部网络的电脑上才能使用的各个IT系统，如办公自动化（OA）、电子邮件（E-mail）、客户管理系统（CRM）、企业资源计划（ERP）等。这些系统构成了新一代移动互联网的企业智慧办公系统，为企业客户提供有安全保障的、良好体验的，并能快速实施的移动互联综合系统，满足企业客户方便、快捷地利用移动终端随时随地办公，应用各种功能模块，实现移动信息化需求。

3G奠定了移动宽带通信的发展基础，TD-LTE建成以后，新一代移动互联网的带宽和无处不在的特征更加明显。随着移动通信带宽大幅提高和移动终端功能逐渐增强，单一的语音服务和传统的移动增值服务已经不能满足商务活动、互动交流和多媒体服务等多元化的用户需求，越来越多的用户开始选择通过手机等便携终端获取移动信息服务和互联网接入服务。多元化的用户需求和增长的用户规模成为促进移动宽带业务发展的用户基础，再加上网络、技术、业务和终端的逐步融合，移动互联网将呈现出快速发展的态势。

随着移动互联网基础建设的发展，网络带宽和手机终端上的条件变得越来越完善，移动终端上运行更多更复杂的应用也逐渐成为发展的必然，加上经济发展和社会开放程度越来越高，现代信息服务业发展要求应用更多的移动化，越来越多的政府机关、企业希望把原来在服务器、桌面电脑上运行的业务系统和应用系统可以在手机终端上随时随地地使用。因此，围绕办公的手机应用开发成为一个热点。

手机应用开发是一门很新的技术，不仅开发难度比计算机上运行的系统要大很多，开发周期也要相对更长。随着越来越多的手机终端涌现，不同的手机终端操作系统完全不一样，手机屏幕大小、显示像素、操控感应技术等的强烈差异，使得两个不同品牌的手机在应用开发上使用完全不同的技术。目前应用在手机上的操作系统主要有Android、Windows Mobile、iPhone OS、Palm OS、Symbian和黑莓等，而每种操作系统又各有分支，例如在Symbian发展阶段，就出现了3个分支：Crystal、Pearl和Quarz。每种操作系统还包含多个版本，这就形成了市场上手机终端操作系统同时并存几十种的局面。从开发技术上来看，如果用手机应用系统开发技术去开发一个应用系统，每次开发只能支持一种操作系统的手机，要支撑市场上的各种操作系统，就要开发很多次。而且不同手机的屏幕分辨率、屏幕大小也各有区别。总而言之，用编程语言直接去开发手机应用系统是相当费时费力且适应性差的。

基于手机终端的这种特殊性，现在的主流开发商都采用一种手机终端应用系统适配技术，把原有在服务器和个人计算机上运行的应用系统进行数据流和业务流分析，适配成手机通用浏览器

可以解读的语言，通过每种手机都拥有的通用浏览器进行使用。面向新一代移动互联网的企业智慧办公系统就是利用了这个原理，把企业应用整体搬迁到移动终端上，推动移动应用的大发展。

随时随地办公

可以想象，把近30年的计算机大发展建立起来的计算机应用系统搬到手机终端上，这是多么大的市场空间。当然，不是所有计算机上运行的系统都有必要搬到手机终端上使用，我们把最多的应用需求做一个分类，包括：电子邮件（E-mail）、办公自动化（OA）系统、管理信息系统（MIS）、电子政务系统（eGOV）、维护监控系统（ITMMS）、财务系统、经营分析系统（BI）、企业管理支撑系统（EMSS）等等。这些系统都有强烈的移动应用需求，各级领导和关键角色需要在出差的时候或者不方便使用计算机的时候进行审批、阅读等工作。

根据对广东省 87 家省级重要企业客户以及地市级 810 家分支机构调研的结果显示，在为企业客户提供的移动互联应用中，企业客户最关注的是安全保密性、用户体验两个方面。

安全保密性

信息安全是企业客户开展移动办公项目首要考虑的问题。解决移动互联各环节的信息安全问题是企业客户部署移动办公业务的前提。移动办公采用基于移动终端特有 IMSI/IMEI/终端设备号/用户账号绑定的鉴权方式、WPKI 无线安全证书体系，为企业客户提供从终端到企业 IT 应用系统端到端的统一认证服务。认证模块通过与用户权限数据库、RADIUS、LDAP 以及 CA 认证系统的对接，实现对网络接入、应用访问、数据传输、终端信息等各个应用环节统一的安全认证服务。

信息安全是企业客户实施移动信息化项目的首要关注点和前提条件。移动办公一般采用基于 IMSI 绑定鉴权和非对称密钥体制，通过集中式的统一安全认证模块，为客户提供高等级的端到端信息安全体系，解决客户在企业互联领域的安全担忧。

基于移动终端特有的 IMSI 标识，与 IMEI、用户账号进行绑定鉴权。

IMSI 是 SIM 卡的唯一标识，与手机号 MSISDN 一一对应，是移动终端特有的一种可用于鉴权的 ID 标识。通过将 IMSI 与 IMEI（通信模组标识或称手机串号）以及用户账号进行绑定，作为用户认证鉴权的一种重要手段。用户更换 SIM 卡或者更换手机终端，将无法通过基于 IMSI 的绑定关系认证，系统将拒绝用户对各种资源的访问。

以非对称密钥算法实现高等级的安全保障。

基于非对称密钥的 PKI 证书体系是当前最高等级的安全措施。在无线应用领域，将基于无线 WPKI 体系，结合手机 SIM 卡 /SD 的证书，为移动信息化应用提供全方位的身份认证、数据加密、数据完整性等信息安全服务。

独立的安全认证模块为各个环节提供统一的认证服务。

移动信息化应用的信息安全包括了网络接入、应用访问、数据传输和终端信息安全等多个环节。移动办公将安全认证模块从各个环节中独立出来，通过集中式的认证模块与企业已有的 RADIUS、LDAP、CA 或者用户权限数据库进行对接，实现统一的安全认证服务，通过架构的优化实现成本的降低和系统可靠性的提升。

用户体验

客户体验对于移动客户端应用能否得到客户的认可，获得规模应用的最关键要素。

移动办公借助业务适配器和内容推送技术，实施监测 IT 系统的信息变动，将公文、邮件和应用页面推送到终端，实现内容的即点即读，解决了因无线网络速度问题导致的页面获取时间过长的用户体验问题。

支持预读技术，在客户阅读文档当前页面内容的时候，读取后续页面内容，边阅读边下载，在保证阅读体验效果的同时，节省流量。

综合移动门户客户端将企业客户最常用的应用以门户方式提供给用户，用户登录后通过点击即可快速访问各种日常应用；综合移动门户客户端提供企业应用中心、企业通讯录和企业媒体中心3个可快速访问的应用门户页面。

移动办公、移动邮箱、集团通讯录等业务，是企业客户最必需、使用频率最高的应用。上述业务可以作为综合移动门户推广的切入点，吸引客户安装使用企业移动门户客户端。因为关键应用与移动门户集成，所以只能从门户的应用中心访问，不能为独立的链接对外提供，以此增强门户地位。

核心移动应用能够对集团客户的捆绑带来非常大的帮助，同时还能帮助他们打造企业移动门户。综合移动门户客户端可作为移动公司拓展其他信息化应用和通信业务的支撑点，对移动公司信息化业务的发展和经营意义非凡。

五　远眺未来的移动通信世界

你还在抱怨手机的信号不好吗，你还在为下载一个应用程序而忍受 10 千比特 / 秒的下载速度吗？4G 时代就要来临了，通过 4G 网络，我们将得到更高的通话质量，下载速度也会达到兆级别的速度。都说现在的生活节奏快，等到 4G 时代到来，你肯定会惊讶于 4G 带来的飞速的生活节奏。

1 飙车的感受，速度主导未来

速度推动发展

天下武功，唯快不破；而当今网络，唯快为赢。新一代的 4G 移动通信系统将会给我们带来飙车的感受，它在提高传输速率的基础上，进一步实现信息业务的丰富多彩，让我们体验更好、更快、更丰富的移动生活。

那 4G 网络和以往的移动网络相比，到底有多快呢？让我们通过下面的图例来感受一下吧。

第一代移动通信 ——模拟移动通信系统（1G），实现小区制大容量公用移动电话系统，能实现模拟信号的语言通话，典型的移动终端是大哥大，传输速率约为 2.4 千比特 / 秒，我们可以把此速率类比作自行车的行驶速度。

第二代移动通信 ——数字移动通信系统（2G），实现数字化的语音业务，而且可以进行省内外漫游。此时出现了我们通用的移动终端手机，传输速率可达 9.6~28.8 千比特 / 秒，我们可以把此速率类比作摩托车的行驶速度。

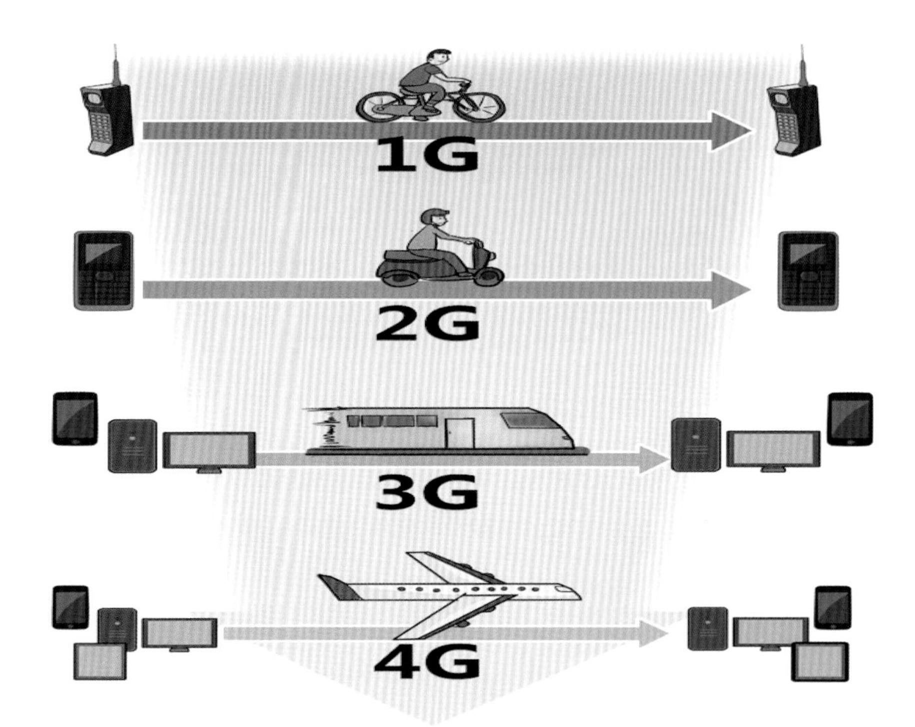

第三代移动通信——多媒体移动通信系统（3G），实现了更高速率的数据传输，不单有语音传输功能，还实现了多媒体数据的通信，能提供高速数据、慢速图像和电视图像等新的信息业务，从而丰富了我们的信息产业业务。此时我们可以通过使用移动笔记本、智能手机进行更丰富的信息通信，传输速率可达兆比特每秒级别，我们可以把此速率类比作高速列车的行驶速度。

第四代移动通信——宽带接入和分布网络移动通信系统(4G)，新一代移动通信技术的趋势是网络业务的数据化、移动互联性和分组化，以及网络设备的小型化和智能化等，也是4G技术的发展方向和目标。移动通信终端也不单是目前的移动笔记本、平板电话、智能手机、平板电脑等，还会增加一系列使用更方便、更智能的新一代移动通信终端，例如智能耳机、智能眼镜、智能头盔等。新一代移动通信技术的发展方向，给大家的用户感受都能够知道肯定是“更快”。这个“快”可以分为两个方面，一个方面是网速越来越快了，我们可以随时随地在手机上看高清视频，下载高质量音乐，进行实时视频会议；另一个方面是我们的手机处理速度越来越快，软件更新速度越来越快，新业务、新体验的推出都将加速。

从移动通信的发展历程来看，快速数据传输业务的市场冲击了慢速数据传输业务的市场，甚至导致某些支持旧移动通信业务的通信设备覆灭。一个明显的例子就是，当年大名鼎鼎的“大哥大”，如今又从何而去了？“大哥大”之所以会消灭，也就是因为它不适用于当今高速的、轻巧方便的、多功能的移动通信终端业务，只能在数据管道上骑着自行车慢慢地爬行，跟不上当今的高速列车，更比不上即将来临的新型超音速飞机。

我们理想的4G

我们理想的4G是基于IPv6核心网络，实现广域广播、WLAN、2G网络、下一代无线网络、光纤网络、3G网络的大融合，实现更高数据速率、更便捷、更智能化、业务更丰富的通信网络。手机可以看电视、电视可以进行清晰的视频电话、通过电脑可以遥控家居设备等，不同网络的移动通信设备，通过融合的大网络可以进行快速的通信，实现信息资源的有效共享。而且移动通信终端越来越多样化，也越来越智能化，不仅限于目前的笔记本、平板电脑、智能手机，一系列新的移动通信终端也会开发出来。

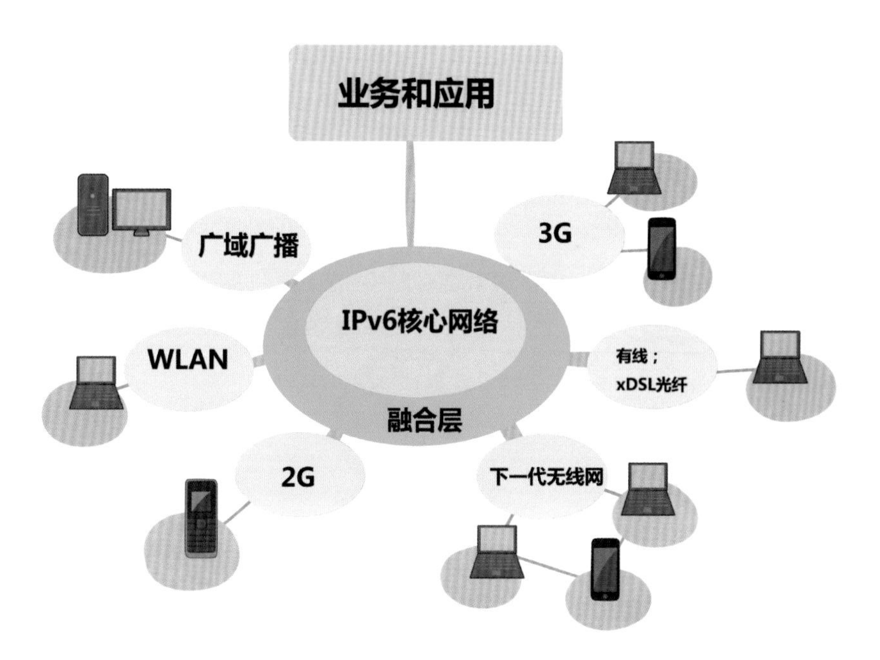

近几年，世界各个国家都在追求更高速率、使用更方便、服务更多样化及更智能的移动通信，追求的力量是无穷的，一直促进着世界移动通信行业的发展。在过去，移动通信标准制定的这块蛋糕一直是属于欧美国家的。后来随着 TD-SCDMA、TD-LTE 技术为代表的我国主导的移动通信标准的出现，我国也在移动通信标准的制定中分了一杯羹。其中华为、中兴为我国的国际通信装备制造业作出了突出的贡献，冲击了世界的产业格局，赶进了世界先进水平。目前全球移动通信网络开始进入一个“更快的时代”——4G 时代，向着通信速度更快、通信内容更丰富、移动性更好的方向发展。为此，我国也应加快发展 TD-LTE 技术，力争我国在 4G 时代能占据有利地位。

标准制定与技术方案

TD-SCDMA、WCDMA 和 CDMA2000 3 种技术在国际电信联盟曾确定了的 10 种候选技术中脱颖而出，成为第三代移动通信标准（3G）的主流技术。在 4G 国际标准的制定方案中，国际电信联盟已确定 LTE-Advanced、802.16m 为候选技术。LTE-Advanced 受到了社会的广泛支持，而 802.16m 得到较少数企业的支持。

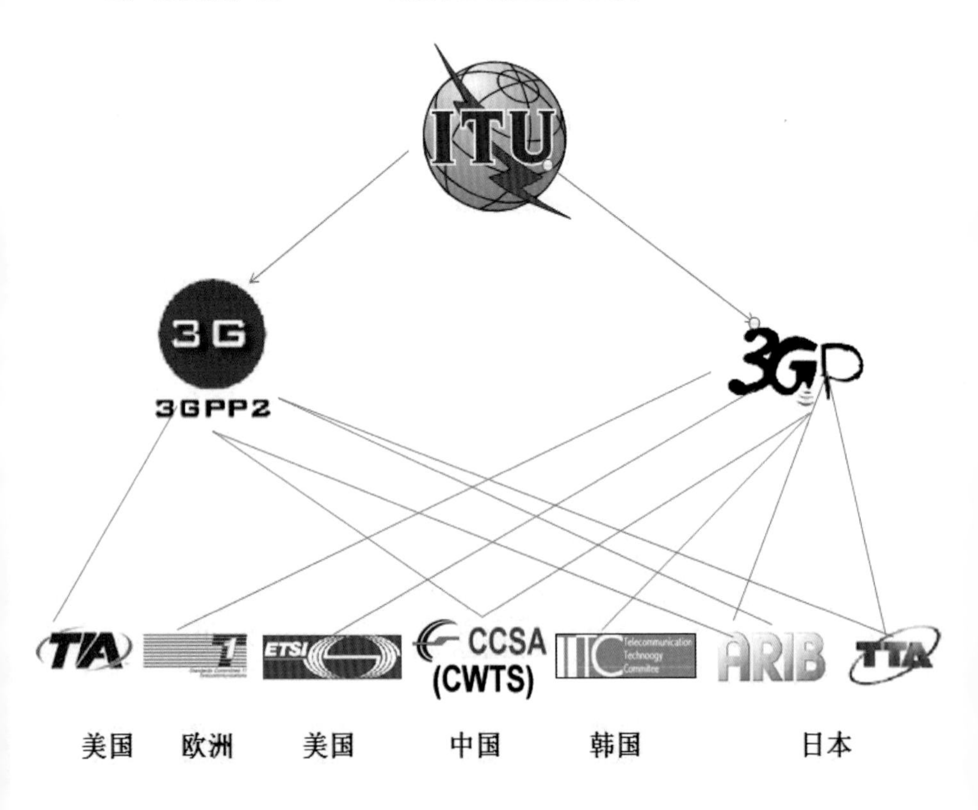

4G 将使用不同于 3G 的技术，总结起来 4G 使用的核心技术有如下几种：

4G 核心技术	实现方法	优点
正交频分复用（OFDM）技术	在频域内将给定信道分成许多正交子信道，在每个子信道上使用一个子载波进行调制，各子载波并行传输	可以消除或减小信号波形间的干扰，对多径衰落和多普勒频移不敏感，提高了频谱利用率，可实现低成本的单波段接收机
软件无线电	把尽可能多的无线及个人通信功能通过可编程软件来实现，使其成为一种多工作频段、多工作模式、多信号传输与处理的无线电系统	用软件来实现物理层连接的无线通信
智能天线技术	智能天线应用数字信号处理技术，产生空间定向波束，使天线主波束对准用户信号到达方向，旁瓣或零陷对准干扰信号到达方向，达到充分利用移动用户信号并消除或抑制干扰信号的目的	具有抑制信号干扰、自动跟踪以及数字波束调节等智能功能。既能改善信号质量，又能增加传输容量

续表

4G 核心技术	实现方法	优点
多输入多输出（MIMO）技术	利用多发射、多接收天线进行空间分集的技术，它采用的是分立式多天线，能够有效地将通信链路分解成为许多并行的子信道，从而大大提高容量	在功率带宽受限的无线信道中，能实现高数据速率、提高系统容量、提高传输质量
基于 IP 的核心网	核心网独立于各种具体的无线接入方案，能提供端到端的 IP 业务，能同已有的核心网和 PSTN 兼容。核心网具有开放的结构，能允许各种空中接口接入核心网；同时核心网能把业务、控制和传输等分开。采用 IP 后，所采用的无线接入方式和协议与核心网络（CN）协议、链路层是分离独立的	基于全 IP 的网络，可以实现不同网络间的无缝互联。IP 与多种无线接入协议相兼容，核心网络的设计灵活性强

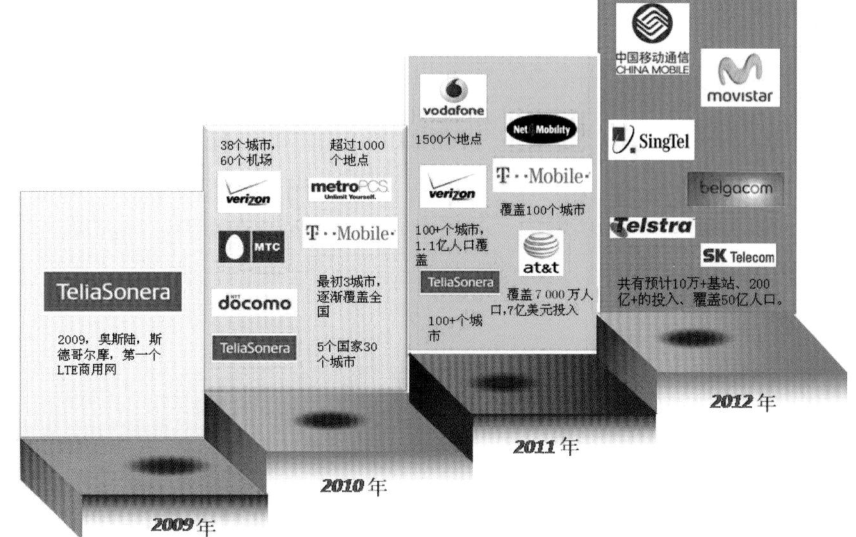

业务为王，新一代移动通信技术

相比3G而言，第四代移动通信技术具有更高的通信速率，因此可以支持更丰富的宽带移动业务，包括高清晰度图像业务、会议电视、虚拟现实业务等，这些业务让用户在任何地方都可以获得高速度、高质量的信息服务。同时，第四代移动通信技术的宽带无线局域网能与B-ISDN和ATM兼容，将个人通信、信息系统、广播和娱乐等行业结合成一个整体，形成综合宽带通信网，可以向用户提供更便捷、更广泛的服务。随着第四代移动通信技术的不断推进，现有的移动通信业务将持续增长，其中高流量服务将成为快速增长点。具体来讲，即时通信类业务将平稳发展，视频通话类业务需求将随着网络通信能力的提高不断增加。

信息获取类业务可以利用移动网的接入控制能力，将接入位置信息融入信息搜索的过程中，为手机用户提供个性化的搜索结果，例如城市中的交通信息服务，可以为用户提供前方实时路况，提高通行效率；还可以通过数据挖掘，将特定用户的搜索和消费习惯连接起来，能够让商家向潜在客户主动推销产品或服务。

娱乐业务中的游戏、视频点播等应用由于高实时、大流量，将大大增加移动互联网的流量，为运营商提供稳定的业务流量收入。

移动购物消费将继续其引人注目的发展趋势，因为移动互联网使得手机变成了移动商店，让人们能够利用上下班等碎片化时间来浏览商品，通过网络价格比较来理性购物。此外位置应用也将出现在购物消费这一类中，即移动导购，利用接入位置来查询周边的店铺、餐厅、银行等信息。

第四代移动通信时代将是业务为王的时代，移动互联网服务将是一个异常活跃的领域，新的服务类型、新的商业模式、新的应用服务将层出不穷。

回顾移动通信的发展历程，其发展大致经历了 4 个阶段：第一代移动通信技术主要指蜂窝式模拟移动通信，由于受到传输带宽的限制，不能进行移动通信的长途漫游，只是一种区域性的移动通信系统。第二代移动通信是蜂窝数字移动通信，使蜂窝系统具有数字传输所能提供的综合业务等种种优点，但由于采用不同的制式，移动通信标准不统一，用户只能在同一制式覆盖的范围内进行漫游，且其带宽有限，限制了数据业务的应用。第三代移动通信技术，与第一代和第二代技术相比，具有更高的带宽。因此，除传统 2G 业务外，还能够提供宽带多媒体业务，能提供高质量的视频宽带多媒体综合业务，并能实现全球漫游。虽然第三代移动通信可以比 2G 传输速率提高上千倍，但是未来仍无法满足多媒体的通信需求。第四代移动通信系统希望能够提供更高的带宽，以满足 3G 性能上仍不支持的高速数据和高分辨率多媒体服务的需要。第四代移动通信系统（4G）将会朝着以下几个方向发展：

移动终端设备多样化

在未来的第四代移动通信系统中，终端设备将不仅仅局限在智能手机的范畴内，而且它可以是你手腕上的手表、鼻梁上的眼镜，甚至可以是你衣服上的一枚胸针。不要吃惊，未来的移动设备说不好就是这样。

无处不在的移动接入

在未来的第四代移动通信系统中，用户可以随时随地通过移动接入的方式来获取诸如信息服务、移动购物、视频通话等服务，移动通信提供的服务将无处不在。

更加全面的业务融合

第四代移动通信技术将个人通信、信息系统、广播和娱乐等各项业务结合成整体，可以为用户提供更加方便和广泛的服务。

智能性更高

第四代移动通信的终端设备将会有更高的智能性、更多样化，不仅使得通信的方式更加智能化，更重要的是提供你想象不到的功能。例如，当你驾车行驶时，你手腕上的手表可以定位，并将方位信息通过移动通信网络传输到服务器，服务器分析出一条相对较好的路径后将信息传回到你的眼镜上，你便可以根据导航信息选择拥塞情况较好的路径，避免塞车。

移动通信设备将会更加数字化、小型化

第四代移动通信技术的到来是通信界的又一次技术革命，新的通信技术未来可以使你摆脱通信线路和手机的限制，移动通信甚至可以发生在各种家用电器和掌上设备之间。想象一下：当你刚刚下班还在路上，可你那不争气的肚子在咕咕叫，这时你可以用手机开启家中的所有电器，到家就可以立即吃到一顿丰盛的晚餐；在你外出旅游的时候，本是出去散心的，却无时无刻担心家里会有小偷，这时你可以打开随身携带的 Pad，利用先进的移动通信技术直接就可以看到家中的情况；未来每个物体都可以带有一个无线接收和发射装置……在 4G 的通信世界里，你不仅会发现智能手机的踪影，还会看到一些可能让你瞠目结舌的智能终端。甚至有人称，4G 是没有手机的移动通信。人们对 4G 无限憧憬，对 4G 智能终端更是翘首以盼。在未来的 4G 通信世界里，如果有人朝着自己的手表作聊天状，你千万别觉得惊奇，因为他正在通过手表跟朋友或者家人视频通话呢。又或许，你走进自己的小车，正发愁以往的驾车路线可能会塞车，你眼镜的镜片上出现了一条路，那是你的眼镜正在为你进行导航呢。

写下你的梦想，留给未来的世界

也许，在 4G 的移动通信世界里，我们的一天是这样度过的：清晨，当你还在睡梦中的时候，手机中传出年轻女子的歌声，告

诉你“该起床了”；当你用手关掉这段声音后，手机将会用语音告知你今天的天气情况，以便你能够确定穿什么衣服；同时手机通过移动通信控制厨房用具自动进行早餐的准备；当你洗漱完毕，早餐也刚准备好了，你不用自己动手做，也无需等待，可以立即进行食用；当你走进自己的车子，手机就成了你的自动导航系统，它会用语音告诉你哪条路路况相对来说不堵；在你驾车去公司的途中，你的手机会用语音告诉你今天的工作任务和安排；到了公司之后，手机又充当了打卡的功能，公司的进门有一套进门识别系统，将一切信息反馈给后台。新的移动通信技术的到来，使得办公室里的网线变得多余，因为无线通信的速度足够满足我们的需求。办公桌上不再是完整的一台电脑了，它只有一个显示器和无线上网卡，因为无线通信速度的提高和云技术的发展，使得主机失去了存在的必要性；到了中午，手机移动订餐使得你不用出去公司便可以买到你想要的午餐，甚至付费方式也变得简单，因为手机银行帮我们自动支付了；下午下班后，你的手机会语音提醒你可能有与朋友的约会；你再一次走进自己的车子，这时手机又一次成为你的导航系统；回家的路上，你可以用语音告诉手机你想听音乐了，这时手机会自动下载你存储在云端的歌曲，甚至于你可以告诉手机想要听听其他的歌，这时手机会根据你过去的听歌记录去互联网下载可能符合你口味的音乐；晚上你在床上，用语音跟自己的朋友进行视频聊天，朋友推荐给你一部好的影片，并将网址发给了你，这时你的手机就变成了电视遥控器，控制电视来播放朋友推荐的影片。

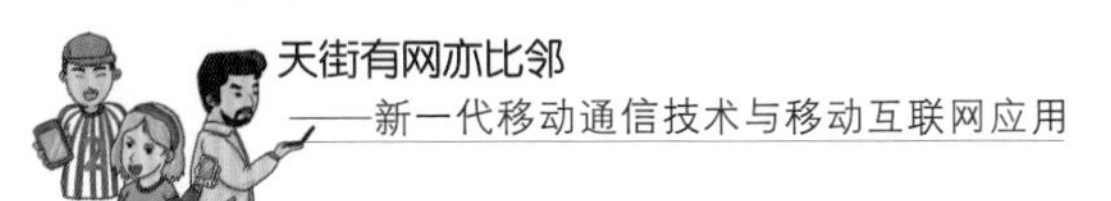

3 广阔的发展空间，移动互联网的未来

随着手机、平板电脑等移动设备的快速发展，移动互联网在信息化产业里所占的份额也越来越重。国内以中兴、华为为代表的通信巨头致力于移动设备和移动终端的发展，中国移动和中国联通等公司致力于3G、4G网络的发展。这些为移动互联网的发展提供了广阔的空间和夯实的基础。

移动互联网的优势在于，它能为用户提供数以万计的应用服务，例如：在线音乐、聊天、视频等服务。数以亿计的商品通过移动电子商务进行交易。移动互联网的应用服务产业正一步一步地成为移动互联网产业的价值主体。随着智能终端关键芯片的研发，移动互联网基础设施在全国范围内大幅度覆盖，移动互联网服务带来的年产值将会以数倍的速度增长，这将对我们的生活产生深远的影响。但是，目前我国的移动互联网产业也存在着一些缺点和不足：首先，国内移动互联网的企业规模大部分都比较小，资金和实力也比较薄弱；其次，大部分企业之间缺少相互合作，各自相互独立；最后，由于移动互联网是一个正在发展的领域，人才的缺乏也制约了移动互联网的快速发展。

未来的社会是一个信息化社会，更是一个互联网的社会，而移动互联网正成为互联网业务的价值主体，其重要性不言而喻。手机、Pad等移动终端为移动互联网的发展提供了机遇。我们需要加大对移动互联网领域的投资，改善投资环境，把人才和投资引进来，转化成成果推出去。大力加强人才的培养、芯片的研发、软件的开发，从而提高我国移动互联网的自主创新能力。加强与移动电子商务的合作，建立公共移动交易平台，扩充移动电子商务企业的规模，提高企业的竞争力。联合物联网，推动移动互联网在生活、交通、娱乐等领域的应用和发展。紧密联系云计算平台，加大云服务平台的建立，突破关键技术的创新，加强移动互联网企业的联系和合作，使得移动互联网的应用业务和云服务应用平台有机地融合在一起。

广东 4G 新体验

广州市番禺区新造镇小谷围岛的广州大学城，容纳学生 18 万～20 万，总人口达 40 万，相当于一个中等规模的城市。由于大学城新建时间短，规划完整，比较适合建网，且大学生对新生事物勇于体验，从 2012 年 3 月开始，中国移动开始在大学城建设部署 TD-LTE 基站。截至目前，该教育园区已建成上百个 TD-LTE 基站，实现了 4G 信号的全岛覆盖。

2012 年世界电信日期间，中国移动联合广州市科信局、广州市交通委员会、广州市第三公共汽车公司，将 381 路大学城环岛公交车线路共同打造成为广东省内首个 TD-LTE 公众体验项目。通过在 381 路公交车安装 CPE 无线网关设备，将 TD-LTE 网络转化为 WiFi 信号。市民乘坐有“中国移动 4G-LTE 信号已覆盖”标志的 381 路公交车时，只需使用带有 WiFi 功能的智能手机等移动终端，不换机、不换号便可畅享 4G 极速体验之旅。

2012 年 7 月，中国移动又在全国率先实现了首条高速公路 4G 网络的全覆盖。深圳水官高速 4G 网络上、下行平均吞吐量分别可达 5.82 兆比特 / 秒和 27.43 兆比特 / 秒，上、下行峰值吞吐率可达 8.15 兆比特 / 秒和 60.5 兆比特 / 秒，其速率在全国同等条件场景下首屈一指。12 月 18 日，长约 30 千米的深圳地铁蛇口线也成功实现了 4G 信号的全覆盖。

虽然移动互联网领域还有很多路要走，还有很多问题需要解决，例如，提高移动互联网的带宽速度、提高移动终端设备的性能、提高网络的安全性、降低用户成本等，但是它的前景是光明的，在新兴的产业领域中具有明显的竞争优势。正如摩根史坦利的报告所说：整个移动互联网用户将超过桌面互联网用户，智能手机销售量将超过笔记本销售量。